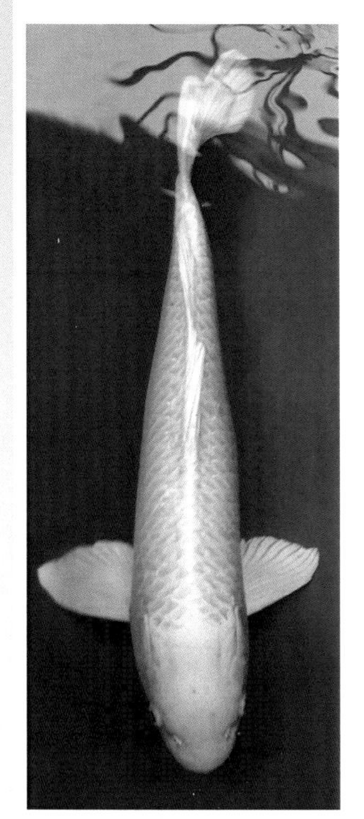

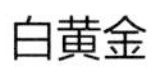

白黄金

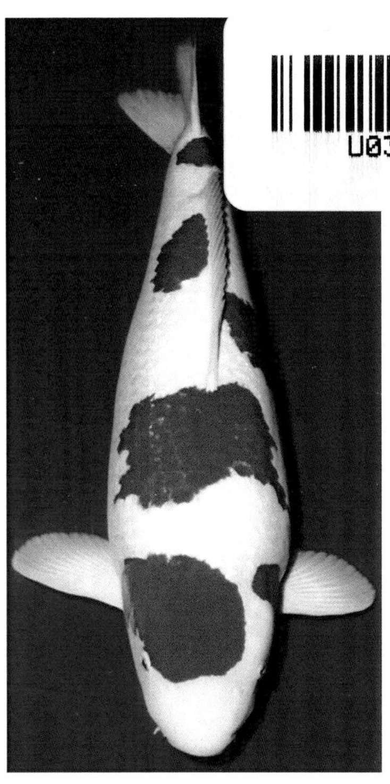

白金富士锦鲤

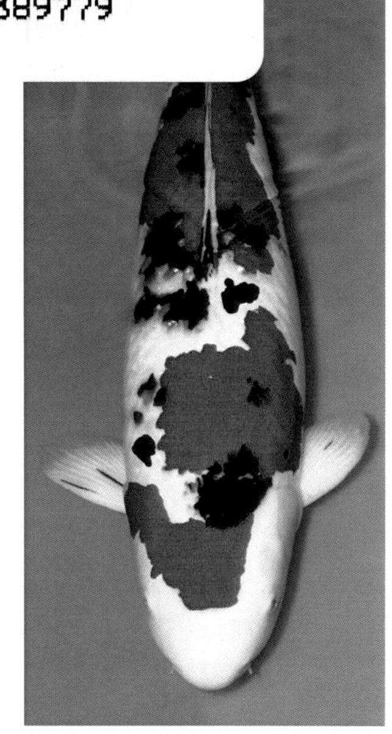

大正三色

丹顶

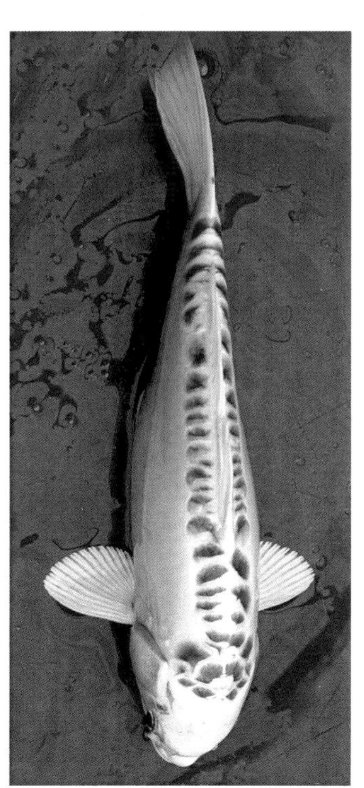

德国白金

德国赤三色

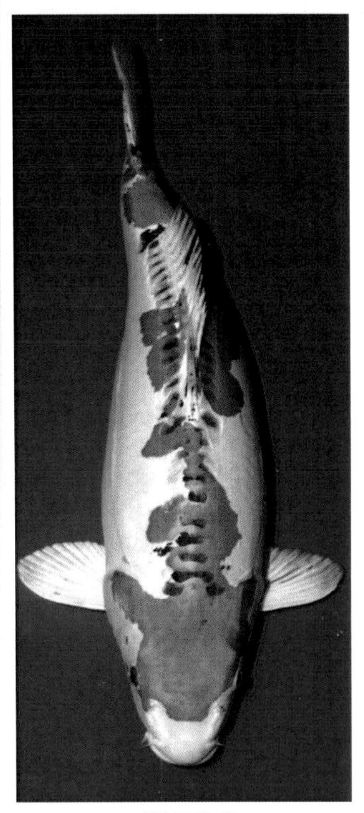
德国孔雀

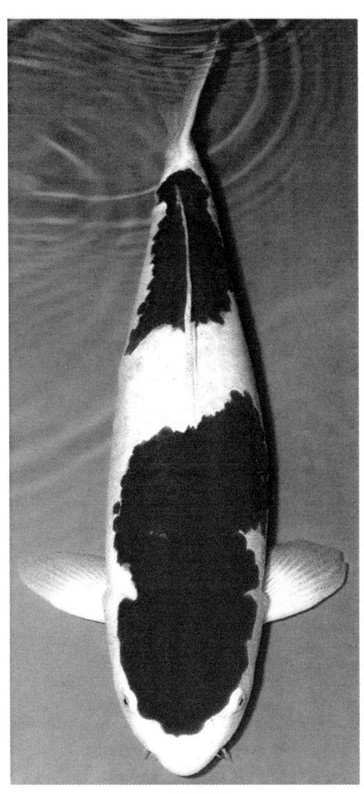
二段红白

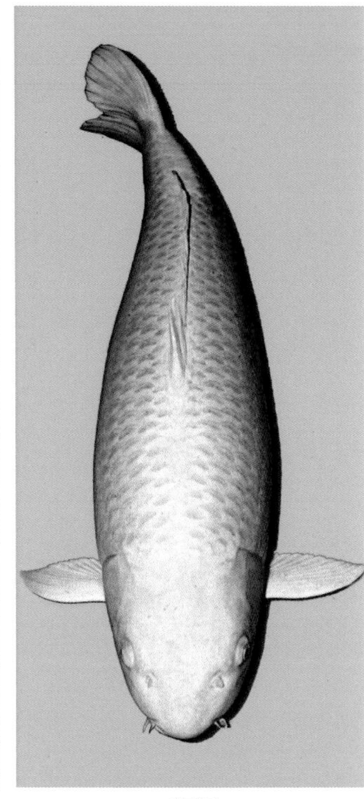
黄鲤

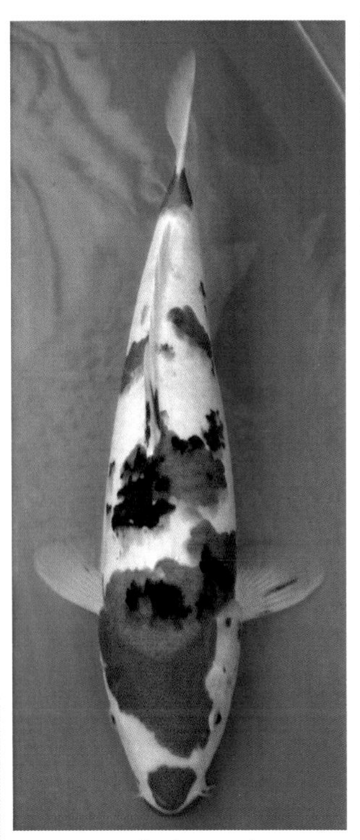
口红大正三色

蓝衣

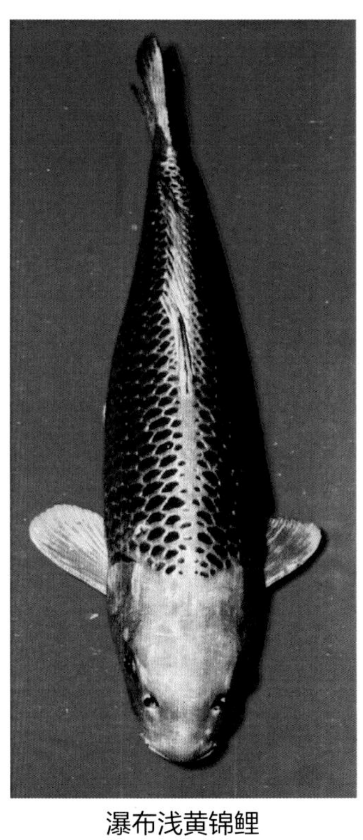
瀑布浅黄锦鲤

闪电红白

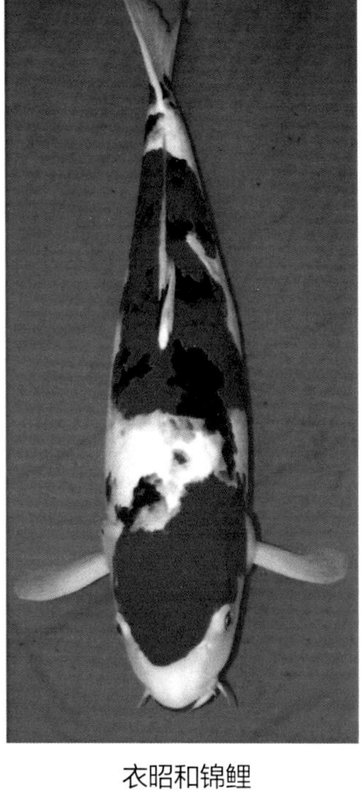

衣昭和锦鲤

银白写

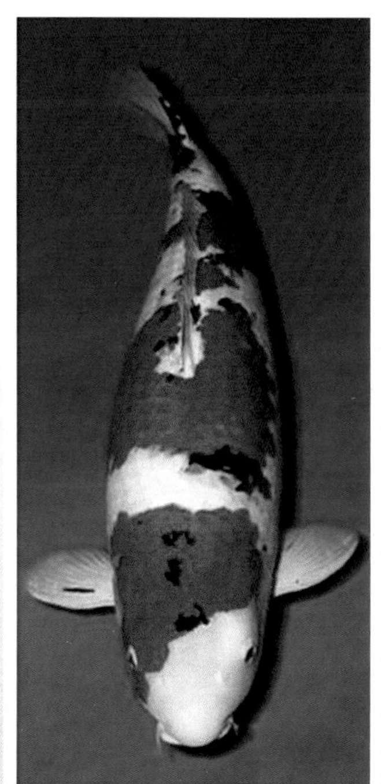

优质锦鲤亲鱼

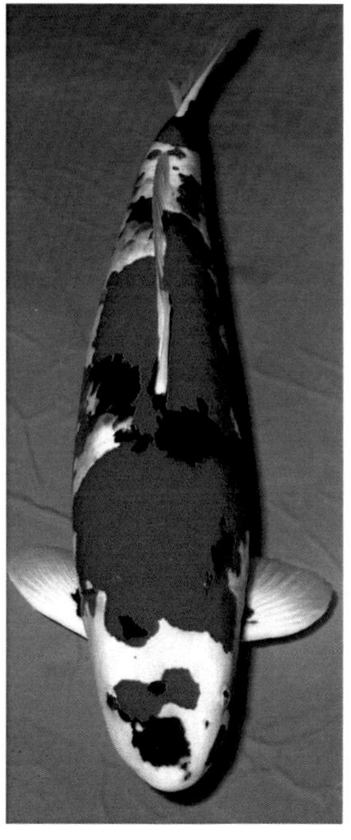

优质亲鱼

芙蓉鲤

池塘里壮观的场景

池塘养殖时投喂场景

调节水质的光合细菌

定期检测水质

对池塘的改造

孵化槽孵化鱼苗

孵化桶

改良水质的专用水质改良剂

公园锦鲤池

公园里的锦鲤

锦鲤池塘进水口

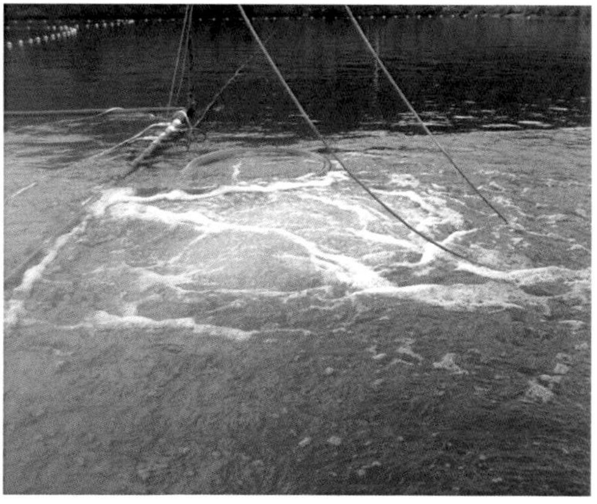

锦鲤池塘里的盘状微孔增氧

锦鲤的投饵

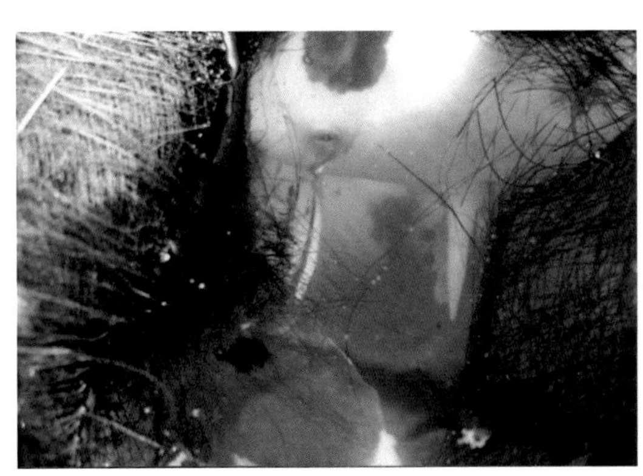

锦鲤繁殖巢

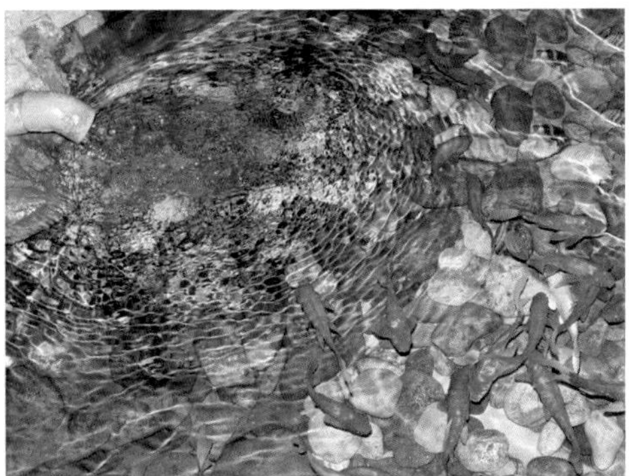

锦鲤观赏池

锦鲤水花苗运输

锦鲤幼鱼苗

锦鲤鱼种药浴预防疾病

漂亮的锦鲤

泼洒生物制剂来预防锦鲤病害

抢食

水泥池养殖锦鲤

庭院锦鲤观赏池

投饵机投喂锦鲤

投喂的饲料

为锦鲤养殖池泼洒石灰水消毒

为土池泼洒石灰水消毒

喂食

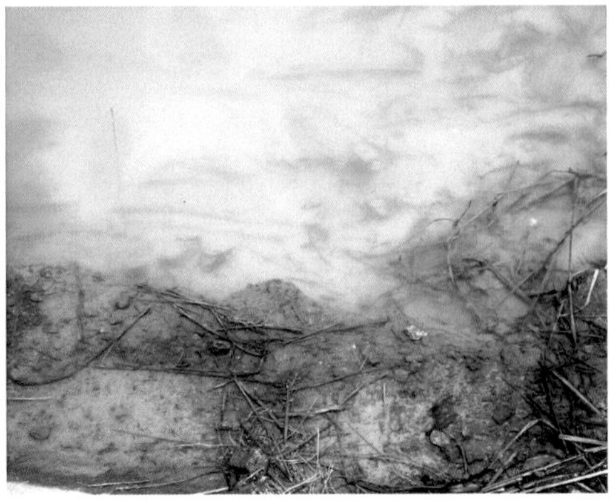

用漂白粉和生石灰混合消毒的池塘

轻松
养殖致富
系列

轻轻松松
池塘养锦鲤

占家智　倪瑞芳　羊　茜　编著

化学工业出版社
·北京·

“锦鲤，水中的活宝石”，优质锦鲤价值几十万元，如何才能在池塘里轻轻松松养殖好锦鲤呢？本书在吸收前人养殖经验、养殖技术的基础上，重点突出锦鲤鱼在池塘里的养殖。本书概述了锦鲤的起源、进化与发展；详细介绍了锦鲤的种类与特征、食性、饵料供应及投喂技术，并详细介绍了锦鲤在池塘里的养殖要领和不同锦鲤的饲养技巧、锦鲤的繁殖技术、疾病症状及防治方法；并从审美的角度，介绍锦鲤的鉴赏、价值评定与选购技巧。

本书适合水产及观赏鱼养殖、品鉴爱好者，水产养殖场技术及管理人员，水产专业师生参考阅读。

图书在版编目（CIP）数据

轻轻松松池塘养锦鲤/占家智，倪瑞芳，羊茜编著．—北京：化学工业出版社，2020.6（2025.1重印）
（轻松养殖致富系列）
ISBN 978-7-122-36457-9

Ⅰ.①轻…　Ⅱ.①占…②倪…③羊…　Ⅲ.①锦鲤-池塘养殖
Ⅳ.①S965.812

中国版本图书馆 CIP 数据核字（2020）第 043376 号

责任编辑：李　丽　　　加工编辑：孙高洁
责任校对：宋　夏　　　装帧设计：关　飞

出版发行：化学工业出版社（北京市东城区青年湖南街 13 号　邮政编码 100011）
印　　装：北京建宏印刷有限公司
710mm×1000mm　1/16　印张 12¼　彩插 4　字数 188 千字　2025 年 1 月北京第 1 版第 2 次印刷

购书咨询：010-64518888　　　售后服务：010-64518899
网　　址：http://www.cip.com.cn
凡购买本书，如有缺损质量问题，本社销售中心负责调换。

定　　价：58.00 元

随着社会经济文化的发展，人们的精神生活日益丰富多彩，对美好生活的追求和对大自然的热爱，也成为人们生活的一部分，锦鲤以其特有的灵性与魅力，深受都市一族的喜爱。近几十年来，随着锦鲤的引进、饲养并繁殖成功，我国的观赏鱼养殖得到空前的蓬勃发展。养殖种类由过去单一的金鱼养殖发展到目前的金鱼、锦鲤、热带鱼、其他海水鱼多类鱼种养殖，养殖目的由最初的赏析发展到贸易，极大地促进了观赏鱼经济的发展。

怎样才能在池塘里轻轻松松地养殖这些美丽活泼的小精灵呢？如何让它们健康长大、繁衍后代？如何替它们防病治病、求医用药？解决这些问题正是本书的写作意图。本书以前人的养殖经验、养殖技术为基础，将写作重点放在了锦鲤的池塘养殖上。

本书共分七章，第一章概述了观赏鱼的起源、进化与发展；第二章详细介绍了锦鲤的种类与特征；第三章介绍了锦鲤的食性、饵料供应及投喂技术；第四章是养殖部分，详细介绍了池塘锦鲤的养殖要点和不同锦鲤的饲养技巧；第五章介绍了锦鲤的繁殖技术；第六章列举了锦鲤的疾病症状及防治方法；第七章从审美的角度，简要介绍了锦鲤的鉴赏与选购技巧。

由于时间紧迫、水平有限，有许多不到之处，敬请各位专家批评指正。

占家智

2020 年 3 月

目录

第一章　概　述　/ 001

第二章　锦鲤的种类与特征　/ 013

第一章

概　述

第一节　锦鲤的起源与历史演变

一、锦鲤的起源

凡具有色彩、斑纹以供人观赏的鲤鱼统称为锦鲤。以“红白锦鲤”“大正三色锦鲤”“昭和三色锦鲤”为最具代表性的品种，俗称“御三家”。其他如“黄金锦鲤”“德国锦鲤”“绯鲤”及其他变种鲤也都属于锦鲤。

据文献记载，锦鲤的祖先是我们常见的食用鲤，日本的锦鲤祖先是由中国传入的。世界上最早出现的锦鲤大约在公元1804—1829年间。当时在日本新泻县的山间饲养的食用鲤中，发现有突变成具有颜色的鲤鱼，而将它们改良成绯鲤、浅黄和别光锦鲤等锦鲤后，逐渐被人所喜爱。在19世纪初，日本贵族将锦鲤移入庭院的水池中放养，供作观赏，平民百姓难得一见，因此锦鲤又称“贵族鲤”“神鱼”，被蒙上种种色彩。后来锦鲤开始在民间流传开来，人们把它看成是吉祥、幸福的象征。到1830年时已有高价买卖锦鲤的记录，这是锦鲤由家庭欣赏转向市场行为的最早记录。

上述文献记载了现代锦鲤的起源地为日本新泻县中区附近的山古志村、鱼沼村等20个村落。每年10～12月，来自世界各地的锦鲤爱好者云集此地，一为选购自己喜爱的锦鲤，二来瞻仰闻名于世的“锦鲤发祥地”。为了传承和壮大锦鲤的文化和产业，30多年前日本还成立了“爱鳞会”，它的主要作用是每年在东京举行全国性锦鲤展览会并组织锦鲤比赛、进行锦鲤评比、介绍先进的锦鲤养殖技术、为国内外的学术交流提供便利条件、组织锦鲤的拍卖活动等。

在日本，饲养锦鲤较为普遍，可以说是人们业余时间的一种高尚娱乐和美的享受。日本人根据锦鲤容易变异这个特点，采取人工选择、交配、培育等方法，又选育出许多新的品种，并于1906年引进德国的无鳞“革鲤”和“镜鲤”与日本原有的锦鲤杂交，终于选育出现在这样色彩斑斓而品种繁多的锦鲤。所以说锦鲤是日本人创造的艺术品，被誉为日本的“国鱼”。早期的锦鲤被称为“色鲤”“花鲤”“模样鲤”和“变种鲤”等，因

"色""花"等字眼被日本人认为涵义过于暧昧软弱，在第二次世界大战期间不适合时局，因此才改称为"锦鲤"。

锦鲤由广州金涛观赏鱼养殖有限公司于1983年首次大规模引进我国，而开始被我国的观赏鱼爱好者观赏和养殖，也有三十多个年头了。时至今日，锦鲤已遍布全国各地，进入了千家万户，成为家庭养殖观赏鱼的一个大类。从2001年开始，中国锦鲤大赛在广州已经成功举办了十八届。养殖、欣赏、品评锦鲤的热潮正在全国范围内兴起。

二、锦鲤的演变历史

锦鲤有红、白、黄、黑、金、蓝、紫等色彩，是大型高贵的观赏鱼类。锦鲤具有独特的魅力，以其艳丽晶莹的体色、健美有力的体形、潇洒优美的游姿、华丽俊俏的斑纹、雄健英武的风度而越来越多地博得人们的喜爱，赢得了"观赏鱼之王"的美称。同时，1968年12月在东京举办第一届全日本综合锦鲤品评会时，日本赏鱼者以"水中活宝石"和"国鱼"来歌颂锦鲤的美。

锦鲤的种类中有"德国红白锦鲤""德国三色锦鲤""秋翠锦鲤""菊水锦鲤"等德国系统的锦鲤，这是日本人将德国鲤与日本锦鲤交配而产生的德国种的观赏鲤，所以德国种锦鲤也是日本人的杰作。德国鲤因为粗鳞所构成的图样及无鳞的皮肤上所呈现出来的鲜明的色彩，往往显得光彩夺目，深受人们喜爱。正统的德国鲤为镜鲤和革鲤，镜鲤只有背部与侧腹部有2排粗鳞，故具较高的观赏价值；而完全无鳞的革鲤则观赏价值较低。

锦鲤经过进一步的改良，在明治年间产生了黄写锦鲤，大正年间又产生了白写锦鲤、阿部鲤、大正三色锦鲤、三色锦鲤和红白锦鲤等5种锦鲤。一直到昭和锦鲤年间产生了昭和三色锦鲤，各种银鳞锦鲤、黄金锦鲤及各种皮光鲤。

三、养殖锦鲤的意义

在我国和世界各地，锦鲤已成为人们点缀和美化生活环境的活的艺术品。许多锦鲤爱好者在自己的庭院里开挖锦鲤池、居室内设置水族箱，饲养锦鲤，既陶冶了情操，又美化了居住环境，给人们的生活带来喜悦。

1. 锦鲤是和平、幸福、美好的象征

日本将锦鲤视为“国鱼”，在国际和平交流时，日本政府总是用锦鲤作为馈赠珍品赠送给对方，因此锦鲤成为了和平的使者。1973 年和 1984 年，日本首相先后两次将名贵锦鲤赠送给我国领导人，这是当时日本人最珍贵的国礼，这些锦鲤先后在我国的北京、上海及杭州等市的园林单位养殖。家庭也可饲养一些锦鲤在玻璃缸中，缸内配以碧绿水草和假山异石，边置五针松盆景，配以灯光，鱼鳞闪闪，清水悠悠，十分优美，令人心旷神怡。

2. 有益身心

研究表明：随着生活节奏的加快，工作压力加大，人们经常烦躁不安、肝火旺盛，而不良情绪易导致冠心病、高血压以及一系列消化器官与内分泌系统疾病，良好的情绪则有助于保持身心健康。一缸优美的锦鲤，可以给办公室、书房、卧室、客厅增添恬静优雅的情调，虽身处闹市、斗室，却有悠游于青山绿水之间的闲适感觉，“目尽尺幅，神驰千里”，有助于工余之暇松弛精神、消除疲劳。欣赏锦鲤能达到平心静气、去除杂念、集中注意力的目的。

3. 不易染病

养殖锦鲤和养其他宠物不同。一般来说，养殖鸟、猫、狗时都有一股难闻的气味，有时甚至会传播人畜共患的病原体，如虱和细菌性传染病等。而锦鲤以它们鲜艳的色彩和温文尔雅的游姿回报主人，并且可以让你放心饲养，决不会传染疾病给主人。目前，尚未有观赏鱼传播疾病到人身上的报道。

另外，锦鲤喜欢吞食蚊类的幼虫，在公园、宾馆、庭院中凡是有水的假山喷水池、人工河和荷花池等，放养一定数量的锦鲤，不仅可改善水体环境、控制蚊类孳生，而且对除害灭病如减少疟疾、丝虫病、脑炎等疾病的发生会起到积极的作用。

4. 天然加湿，节能省电

在家庭居室的水族箱养锦鲤，不仅可以供人欣赏水中美景，还可以对

室内环境起到天然加湿的效果。因为生态水族箱里的水分不断地蒸发到室内空气中，使干燥空间的空气湿度增大，对延缓衰老、预防支气管疾病和心血管疾病都有良好的效果。而且比起加湿器来，又具有增湿均匀、节能省电等多种优点，是良好的天然加湿器。

四、成功人士喜欢养殖、赏玩锦鲤的缘由

养殖、赏玩优质锦鲤并不是普通家庭所能承担的，无论在日本，还是在我国及其他国家，赏玩锦鲤一般都是家庭经济条件较好的收入水平中上层人士，据了解，他们喜欢锦鲤是因为，一条优质锦鲤具有以下的优点：

1. 锦鲤号称淡水鱼王，可满足养鱼爱好者的自我优越感

锦鲤为淡水鱼中体形最大者，其头大嘴宽、长着两对胡须、个性刚强有力、游姿雄伟，堪称淡水鱼之王。如此，将锦鲤放入自家水池中观赏，自然令人骄傲自信，仿佛自己也成为王者一般，因而可满足自身优越感的需要。

2. 锦鲤性格沉稳、寿命长，又被称为武士鱼、祝鱼

锦鲤的性格雄健沉稳，一旦被放在砧板上就不再挣扎，具有泰然自若、临危不乱的风度，故被称为“武士鱼”。另外，锦鲤长寿，据说平均寿命达七十岁，有最长寿者超过二百岁的记录。因为寿命长，锦鲤被视为吉祥的象征，故又被称为“祝鱼”。

古谚“锦鲤跳龙门”比喻人得志高升，同时每逢喜庆佳节常以锦鲤为祝膳，所以锦鲤被视为吉祥鱼，故人们乐于饲养它。

3. 锦鲤性情温驯平和

锦鲤不会以大欺小、以强欺弱，为一种爱好和平的鱼。它们性情稳健温驯，能与人亲近甚至到人的手中取食或任人抱起，训练后可招之即来、挥之即去，并能辨认主人。

当主人沿着池边巡视时，它们常跟在主人身后，它们将头部露出水面游水的样子实在可爱。伫立在池边观看可爱的锦鲤，可使人暂时忘记事业上的辛劳，诱导人进入桃源之境。因此对于从事繁杂事务的职业者而言，

饲养锦鲤的池边实为一处良好的休憩场所。

4. 可以全家人共同享受饲养锦鲤的乐趣

栽植兰花、收集古董，各有其乐趣，但是这些乐趣一般都只限于个人享受，饲养锦鲤的乐趣却可以全家共同分享。更有不少孩子们用自己节省下来的零用钱，购买自己所喜欢的锦鲤，放养在同一水池中，互相炫耀、批评，其乐融融。

虽然是男主人饲养锦鲤，但他们常由于工作的关系而无暇照顾，因此实际上水池清理、饲料投喂等管理工作常常由做全职太太的妻子或孩子们代劳。由于接触的机会多，有时妻子、孩子们对于锦鲤的鉴赏眼光反而比男主人要高，这在日本并不鲜见。

5. 锦鲤易于饲养，饲养管理活动有益主人健康

十年前由于我国锦鲤饲养技术拙劣，很少有人能饲养一年以上。因此锦鲤虽然很美，却不受人重视。由于全世界锦鲤专业饲养者和爱好者不断地研究，各种难题逐一克服，使饲养技术大为改进。现在的饲养技术不但能减少锦鲤死亡率，且能使锦鲤更健硕、更漂亮，使饲养锦鲤成为一项富有乐趣的爱好。

锦鲤的管理无需耗费许多劳力，即使是老年人亦能饲养享乐。不但如此，朝夕管理水池也是一种适度的运动，就健康而言，实在是一种理想的有益健康的活动。

6. 锦鲤容易适应环境，任何场所均可饲养

锦鲤很容易适应各种水温、水质等环境，几乎在世界各地都能饲养。有人认为没有大庭院就无法饲养锦鲤，其实只要有一块小面积的水池就可以饲养。有人甚至在公寓阳台或在顶楼阳台造水池饲养。为了更好地欣赏锦鲤，水池以尽量宽阔为宜，以面积 15～30 米^2、水深 1.2 米最为理想。

7. 锦鲤多彩多姿，具有动态美

锦鲤具有白、红、青、黄、紫、蓝、黑、金、银等多种色彩，媲美锦绣绸缎，不愧被叫做锦鲤。一般的观赏鱼都是单一的花纹，顶多只是雌雄之间稍有差异。然而锦鲤的花纹多变，几乎没有完全相同的花纹。因此，

能令人觉得自己所拥有的锦鲤是全世界绝无仅有者，更能满足人的占有欲。如果说书画古董之美为静态美，那么锦鲤之美就可以说是动态美。锦鲤不仅独处时具有美感，群游时的美艳尤其绝妙非常。

锦鲤的色彩常受环境的影响。朝夕、晴雨、春夏秋冬等的更替，都能使锦鲤的色彩变化多端，因此更能勾起爱好者的兴趣。

8. 锦鲤为杂食性，因此易于饲养

锦鲤为杂食性，即肉类、鱼类、面包、包心菜、莴苣、青椒、西瓜等凡是人类可食的它都能食用，因此饲养容易。我们可以利用剩下的食物，或用面粉或鱼粉为主料，掺些维生素、增色材料（绿藻、蓝藻）、药剂（营养剂等）等调成特殊饲料喂养即可，或用蚕蛹、蚯蚓、虾、蟹等天然饲料饲喂。

此外，锦鲤在一周内不给予任何饲料亦毫无影响，而其他的动物（宠物）却不能一整天不喂食。就这点而论，饲养锦鲤就比较轻松，出差或旅行而离家一星期亦无妨。

五、锦鲤的贸易

我国锦鲤的养殖与贸易有一个发展的过程。从20世纪70年代开始，锦鲤首先从日本被引进到中国香港地区，经过10余年的发展，到了20世纪80年代，在我国改革开放的大好形势下，由于地域关系，在我国的广东等珠江三角洲地区开始养殖锦鲤，而且迅速形成规模并向上海、扬州、北京等地辐射。就国内的贸易而言，最早从事锦鲤贸易的企业主要有广州的金涛锦鲤进出口有限公司、大地一龙锦鲤进出口有限公司、扬州花木公司等，主要以苗种贸易为主，贸易的对象是各锦鲤养殖场、各大中城市的花园、大型宾馆、会议厅等。到20世纪90年代末，高贵典雅的锦鲤逐渐进入了家庭被养殖与欣赏，锦鲤的贸易进入了蓬勃发展的大好时期。

为推动锦鲤养殖业的发展，鼓励人们培育优良品种，日本每年都要举行全国性的锦鲤品评会，获得大奖的锦鲤，其身价大为提高，有的价格达数千万日元。日本锦鲤还出口美国、加拿大、西欧、东南亚各国以及中国港、台地区。在香港，1对20厘米长的锦鲤售价有的可高达1000～2000港元，60～70厘米长的锦鲤售价更高。锦鲤在出口贸易中每年为日本赢

得了可观的经济效益。

在国际上的贸易，锦鲤的主要需求市场集中在美国、欧洲和东南亚三个地区。美国对锦鲤的需求量有限，但是对它们的质量要求最高，是高档锦鲤的理想输送市场，受2001年的“9·11”事件影响，美国对锦鲤的市场需求进一步降低，如何稳定并积极开拓美国的市场是业界人士值得研究的问题；欧洲的英国、德国、荷兰等国家的经济发展良好，对锦鲤的需求量比美国市场大得多，但是对品质要求不是太高，也是值得关注和开拓的国际市场；而新加坡、印度尼西亚、马来西亚等东南亚国家对锦鲤的需求量也相当大，但是对品质的要求极低，只要是被冠以锦鲤的鲤鱼都能找到买家；而以色列、南非等国是近年来锦鲤进出口贸易最活跃的地区，也是我国锦鲤生产厂家和进出口企业最值得关注和寻求的潜在市场，他们的市场容量极大。

锦鲤的贸易方式有两种，常用的一种方式是看规格即计量贸易，通常以厘米为计量单位，不同的个体大小其档次不一样，贸易价格也有很大的差别，这种方式最适合于锦鲤苗种的贸易；另一种方式是看品质，主要适用于亲鱼和观赏性成鱼的贸易，在计量的基础上，品质成了主宰价格的最主要因素。

第二节　锦鲤的生物学特性

一、锦鲤的形态特征

锦鲤在生物学上属于鲤形目、鲤科、鲤亚科、鲤属，其特征是具2对须、3排咽喉齿，咽喉齿呈1，1，3—3，1，1的排列。学名为*Cyprinus Carpio Linne*，英文称为Koi。

锦鲤是鲤鱼的变种，其外部形态和鲤鱼基本相似，身体呈纺锤形，分成头部、躯干部和尾部三部分。头部前端有口，口缘无齿，但有发达的咽喉齿，中部两侧有眼，眼前上方有鼻，眼的后下方两侧有鳃。鱼鳍可分为胸鳍、腹鳍、背鳍、臀鳍和尾鳍，是锦鲤的运动器官，胸鳍和腹鳍相当于

人的四肢。鳍切除或折断后有再生的能力。嘴边有 2 对须，是在泥中索食的感觉器官。鱼体上面覆盖鳞片，两侧中央各有 1 条纵点线从头一直延伸至尾部，称为侧线，是鱼的感觉器官。鱼体外被外皮，外皮又分为外侧的表皮与内侧的真皮。表皮有黏液细胞分泌黏液，可保护身体或有效地防止寄生虫的附着。表皮下面为真皮，内有血管、神经，鱼鳞基部埋在真皮中（图 1-1）。

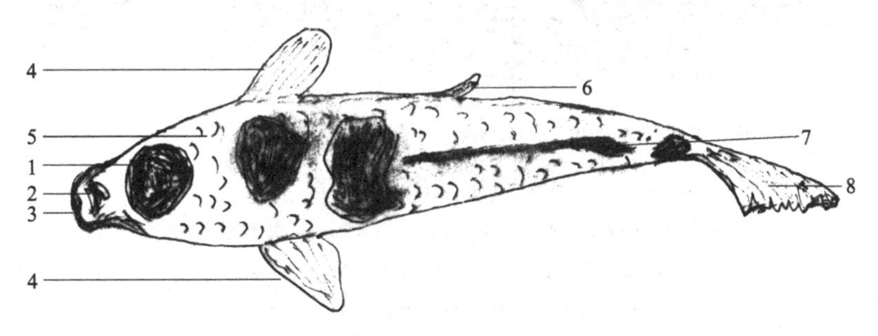

图 1-1　锦鲤的外部特征

1—红白锦鲤的红斑；2—眼；3—口；4—胸鳍；
5—鳞片；6—腹鳍；7—背鳍；8—尾鳍

锦鲤的皮色非常具有观赏性。锦鲤各种各样的色调是埋藏于表皮下面的组织之间及鳞片下面的色素细胞收缩与扩散的结果。该种细胞含有 4 种色素：黑色素、黄色素、红色素和白色素。色素细胞的收缩和扩散与感觉器官及神经系统均有关连，对光线尤其敏感，不同品种的锦鲤有不同的体色、斑纹和图案。

鱼鳞由真皮分化而成，上有同心圆状的凸起线。鱼鳞随着鱼的年龄增加，像植物的年轮一样，也不断地呈致密与疏松相间的有规律的同心圆生长。因此，可根据鱼鳞推算鱼的年龄。

锦鲤无胃，食道直通肠部。肝脏与胰脏合在一起称为肝胰脏。鳔在体腔的背部，分为前后二室。心脏包在心囊内，由一心房与一心室组成，另附有一动脉球。鳃盖中有 5 对鳃弧，前 4 对为具气体交换作用的红色鳃瓣，鳃瓣上布满无数微血管。臀鳍基部前端有排泄孔与生殖孔，分别连通直肠、尿道与生殖腺，精子、卵子就在生殖巢中形成（图 1-2）。

二、锦鲤的生理与生态特征

锦鲤是鲤鱼的变种，它性格温和，不像热带鱼那样以大欺小、以强凌

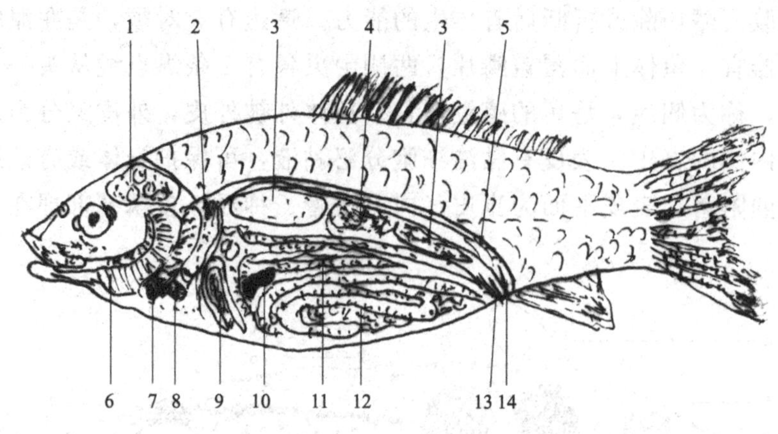

图 1-2　锦鲤的内部结构

1—脑；2—头肾；3—鳔；4—肾脏；5—输尿管；
6—鳃；7—心室；8—心房；9—肝；10—胆囊；
11—脾；12—肠；13—肛门；14—尿殖孔

弱，不同品种、不同年龄的锦鲤都能和睦相处。锦鲤具有生命力强、繁殖率高、适应性好等特点。

1. 食性

锦鲤是杂食性的，一般软体动物、水生植物、底栖动物以及细小藻类都是锦鲤的美食。夏季锦鲤摄食较多，到冬季则摄食较少或几乎不进食。因此，投喂时可视季节不同而增减投喂次数和投喂量。春天水温在 12℃以上时，每天可投放三次饵料；水温降到 12℃以下时，一天只喂一次就够了。另外，锦鲤在不同的生长发育阶段，它的食性也有一定的变化。锦鲤幼小时主要摄食水蚤等甲壳类的动物性饵料，生长阶段时可摄食水生昆虫、贝壳及水草，长成大鱼后变为杂食性。锦鲤能吞食饵料，也能从泥中吸取食物，对不合口味的食物会从嘴里吐出。

2. 繁殖习性

锦鲤是卵生动物，雄鱼 2 龄成熟，雌鱼 3 龄成熟，雌鱼每年产卵一次，每次产卵 20 万～40 万粒，产卵期一般在每年的 4～6 月。产卵时，性成熟的雌鱼，在早晨 4～10 时产卵，卵黏性、直径 1.5 毫米左右、白色或淡黄色，体外受精，受精卵最好捞起单独孵化。在水温 20℃时一般经过 4～5 天孵化，仔鱼便破壳而出。水温愈高，则孵化时间愈短。刚孵出

的仔鱼可喂轮虫和小枝角类，还可用捏碎的蛋黄喂养。

3. 生长与寿命

锦鲤生长速度快，但同一胎鱼苗中依水温、饲料、性别、遗传与摄食能力不同而出现大小相差很远的锦鲤。一般来说，雄鲤体形细长，雌鲤则较丰满。2 龄以前雄鲤生长较快，2 龄以后则雌鲤生长快。据报道，平均 1 龄锦鲤长 10～20 厘米，2 龄锦鲤长 24～30 厘米，3 龄锦鲤长 37～40 厘米，5 龄锦鲤长 45～50 厘米，10 龄锦鲤长 55～70 厘米。如在光照时间较长的中国南方，锦鲤生长得更快。而据日本资料记载，有长达 150 厘米、重量超过 45 千克的超级巨鲤。

锦鲤的寿命很长，一般可达 70 年。一般在保证良好的生活环境的情况下，如良好的水质、饵料和无疾病干扰等，它们能达到 60～70 岁，甚至超过 70 岁。锦鲤的年龄测定，与多数鱼类相同，其鳞片的年轮数即表示锦鲤的寿命。

4. 体色

锦鲤的色彩是由真皮中的色素细胞呈现出来的，色彩的加深或消失与遗传因素、饵料、光照和水质等有关。

5. 环境要求

锦鲤对环境的要求主要包括温度、光照、湿度、降水量、风、雨（雪）等方面。这些环境因子都不同程度地影响到锦鲤的生活，而对锦鲤的生活有直接影响的主要是温度，因为饲养锦鲤的水体都比较小，气候的变化能很快影响到水温，水温的急剧升降，常会引起锦鲤的不适应或生病，甚至死亡。这说明锦鲤对水温的突然变化很敏感，尤其是幼鱼阶段更加明显。锦鲤属于温带淡水鱼，在温度为 2～30℃的水体中均能生存，但在此范围水温中，如果水温突变幅度超过 3℃，锦鲤就易得病，此时鱼体表面往往产生白膜，即为感冒症状。所以搬运锦鲤时应避免水温的急剧变化，如果突变幅度再大，就会导致锦鲤死亡。因此，在气候的突然变化或者给锦鲤池换水时均应特别注意水温的变化。

锦鲤生活的最适水温为 20～25℃，在此温度范围内，水温越高，锦鲤的新陈代谢越旺盛，生长发育也就越快。这时的锦鲤游动活泼、食欲旺盛、身体壮实、色彩艳丽。养殖锦鲤时要尽可能地配备调温设备，将水温控制在20～25℃这个范围内。锦鲤在强烈阳光下生长缓慢，因此要为它创造有阴凉的环境，如可在塘角或喂食处盖一个遮阳凉棚。

6. 水质要求

锦鲤终生生活在水中，水质的好坏决定其生存和生长。对锦鲤养殖起重要作用的水质因子包括以下几点：

（1）溶解氧　锦鲤生活在水中，靠水中的溶解氧生存。水中的溶解氧浓度过低，锦鲤就会出现浮头现象，严重缺氧时，就会窒息死亡。一般锦鲤对溶解氧浓度的要求在5毫克/升以上，而最低也要在3毫克/升，低于这个极限，锦鲤就会死亡。水中的溶解氧浓度受各种外界因素的影响而时常变化着。一般夏季日出前1小时，水中溶解氧浓度最低，在下午2时到日落前1小时，水中溶解氧浓度最大，而冬季一天中一般变化不大。水中的溶解氧浓度还受水中动植物的数量、腐殖质的分解、水温的高低、日光的照射程度、风力、降水、气压变化、空气的湿度、水面与空气接触面大小等方面因素的影响而变化。

（2）二氧化碳　锦鲤养殖池中二氧化碳的主要来源是锦鲤和浮游生物等自身的呼吸和其排泄的粪便污物等氧化作用后的产物，其浓度与溶解氧一样，也有明显的昼夜变化，只是其消长情况与溶解氧正好相反。且水体中的氧化作用越频繁，二氧化碳就积累越多，故二氧化碳的浓度可间接指示水体被污染的程度。水体中二氧化碳的浓度偏高，会降低锦鲤体内血红蛋白与氧的结合能力，在这种情况下，即使水体中溶解氧的浓度不低，锦鲤也会发生呼吸困难。一般来讲，水体中二氧化碳的浓度达50毫克/升以上，就会危及锦鲤的正常生长发育。

（3）酸碱度　一般地讲，池水的酸碱度即pH值在6.5～8.0这个范围内锦鲤都能生存，但以pH值在7.2～7.4的弱碱性、低硬度的水为最适条件。在锦鲤池中pH值偏高时，锦鲤的活动能力减弱、食欲降低，严重时会停止生长，即使在溶氧丰富的情况下也易发生浮头现象，当然pH值过低也会使锦鲤死亡，如果水的硬度偏高，则锦鲤体表经常会有充血的症状。

第二章

锦鲤的种类与特征

在日本，锦鲤的养殖已经有近200年的历史，在这段时间里，经过广大养殖工作者的不断努力，育种技术不断进步，新品种不断涌现。锦鲤品种的划分主要以其发展过程中产生的不同颜色，以及不同的鲤种来源为依据。从颜色上说，锦鲤的体色由天蓝、银灰、大红、金黄、淡黄、乳白以及五花等不同颜色组成。从鲤种来源上说，可分为绯鲤、革鲤和镜鲤。其中评价最高的品系是俗称“御三家”的红白、大正三色、昭和三色。红白锦鲤系，白底上有红色花纹；大正三色锦鲤系，白底上有红、黑斑纹；昭和三色锦鲤系，黑底上有红、白花纹。日本学者及专家根据锦鲤的色彩、斑纹和鳞片，将锦鲤共分为13大类、100多个品种。下面分别介绍具代表性的适宜在池塘里养殖的品种。

一、红白锦鲤

1. 红白锦鲤的定义

白底上有红色花纹者称为红白锦鲤。

红白锦鲤是锦鲤的代表品种，被认为是最正宗的日本锦鲤。常言道：“锦鲤始于红白而终于红白”，意思是说初学者刚看到红白锦鲤觉得美妙非凡，于是开始饲养，但过了一段时间后又觉得其他品种也不错，如浅黄锦鲤、秋翠锦鲤、九纹龙锦鲤和黄金锦鲤等，但随着对锦鲤了解的不断深入，最后还是觉得红白锦鲤最好。

2. 红白锦鲤的历史

最早发现具有红白两种颜色的锦鲤是1804～1829年间，发现真鲤变异产生了头部全红的“红脸鲤”，用其产生的白色鲤与绯鲤交配，产生腹部有红色斑纹的白鲤，之后逐渐改良成背部有红斑的锦鲤。

1880年前后，红白锦鲤在日本新泻县山古志村普遍饲养，经过不断改良，已经有相当好的品种出现。特别是后来经兰木互助、友右卫门及弥五左卫门等名家的努力，成功地固定了“近代红白锦鲤”的遗传性状。

3. 斑纹的颜色

红白锦鲤最重要的是白底要纯白，像白雪一样，不可带黄色或饴黄

色。红色愈浓愈好，但必须是格调高雅明朗的红色。一般来说，应选择以橙色为基础的红色，因其色调高雅明洁，一旦增色，品位较高。而以紫色为基础的红色较为不雅，虽色彩浓厚且不易褪色，但难以给人明快的感觉。

另外，红斑必须颜色均匀，不能模糊不清乃至有白斑出现。红斑边际要清晰分明，但靠近头部部分的红斑有时会模糊不清，这是由于鳞片覆盖着下层色彩，称为“插彩”。这种插彩别具风格。

4. 斑纹的位置

红白锦鲤的斑纹必须全身均匀分布、左右对称。

只有左半边或右半边的花纹称为“半花纹”，这种花纹配置不理想。以小型斑纹分布全身的称为“小花纹”，它不如斑纹集中成大块花纹的“大花纹”品质好。因为随着鱼体长大，大花纹会逐渐显现出漂亮的色彩及花纹具有的魅力。

下面说明斑纹分布的位置品鉴。

(1) 头部　头部一定要有红斑。躯干上有非常明显的花纹，但头上没有红斑者称为“和尚”，没有观赏价值。

头上红斑愈大愈好，但不可渲染到眼、颌、颊、嘴吻，以红斑前部到达鼻孔线最好，至少也应到达眼线。红斑到嘴吻的“掩鼻”或头部全红者“覆面”品格不雅。

嘴吻上有小圆红斑称为“口红”。如头部有大红斑时最好不要有口红，但如果头部红斑只到眼线或比眼线稍高时，口红的存在就美妙绝伦了。

最近有些人比较欣赏头上有变化的花纹，如斜钩型、鞋拔型等具个性的花纹。如获得全日本锦鲤品评会第二十二届、第二十四届总冠军的著名红白锦鲤“楼兰”，即具有非常独特个性的头斑。

(2) 躯干部　躯干部花纹必须左右对称，最好靠近头部的肩部有大块斑纹，这是整条鱼的观赏焦点。头部与躯干部之间的红斑应有白斑切入，最好不要是单调的直线花纹。

靠近尾部也须有红斑，称为“尾结”。尾结距尾部 2 厘米左右最为理想，切不可渲染到尾部。但如果是大型鲤，则可允许尾结靠前或无尾结。

总之，红斑切不可头重尾轻或不均匀、不协调，应以头尾平衡、左右协调为佳。

5. 红白锦鲤的种类

（1）段纹　红白锦鲤的红斑呈一段一段分布者称为“段纹”。根据红色斑纹的数量、生长的形状和部位又可分为“二段红白”“三段红白”和“四段红白”。这种斑纹均衡美丽，很受欢迎。有段纹的锦鲤称为段纹锦鲤。

二段红白：二段红白锦鲤是段纹红白锦鲤最基本的品种之一。在洁白的鱼体上，生有两段绯红色的斑纹，似红色的晚霞，鲜艳夺目。躯干部的红斑，最好是左右对称才能显得更为美丽、大方，才能成为人们喜爱的佳品。二段红白和其他红白的体长差不多，一般都能达到100厘米。食性比较杂，对天然饲料和人工饲料都能接受，在规模养殖时以人工配合饲料为佳。在18～24℃的范围内生长良好。繁殖期间雄鱼胸鳍上有追星，雌鱼比较肥硕，产散性卵。

三段红白：在银白色的鱼体背部生有3段赤色的斑纹，十分醒目诱人。在靠近尾鳍的部位必须要有尾结，要注意的是尾结到尾鳍的距离以2厘米左右为最佳。

四段红白：在银白色的鱼体上散布着4块鲜艳的红斑，这些斑纹的分布要求均衡，如果能将身体进行平均分段，这尾锦鲤就是极品了。

（2）一条红红白　或称“一品绯红白锦鲤”。自头至尾结只由一条毫无变化的优美的红斑纹或红色条带构成，红色斑纹仅有一条，最好是从头至尾呈“一”字形排列。

（3）闪电红白　在鱼体上从头至尾有一条红色斑纹，此斑纹形状恰似雷雨天的闪电，弯弯曲曲但是一直是连续不间断的，妙不可言，因此而得名。这种连续性的花纹别有一番风味，在市场欢迎度上丝毫不逊色于优质的段纹红白锦鲤。

（4）富士红白　红白锦鲤的头上有银白色粒状斑点，恰似富士山顶的积雪。但是此斑点只出现在1龄或2龄鱼体上，长大后有时会消失。

（5）拿破仑红白　鱼体腹部两侧的斑纹酷似法国统治者拿破仑佩戴的帽子，故称此类锦鲤为“拿破仑红白锦鲤”，其头部基本上没有红斑出现。

（6）御殿樱红白　它是鹿子红白的一种，小粒红斑聚集成葡萄状的花纹，均匀地分布在鱼体背部两侧，这种斑纹看起来就像大花纹一样，称此类锦鲤为“御殿樱红白锦鲤”。

（7）金樱红白　御殿樱锦鲤红色鲜艳的鳞片边缘嵌有金黄色的线称为“金樱红白锦鲤”。此种鱼非常美丽，在培育过程中，由于出现的概率比较小，因此是非常珍贵的品种。金樱红白锦鲤需在专用的小水泥中进行定向培育。

（8）德国红白　德国鲤有红白锦鲤斑纹者称为“德国红白锦鲤”，它就是红白锦鲤和德国鲤鱼进行杂交培育的后代，呈现出红白系特有的美丽花纹和德国鲤鱼特有的鳞片特征。这种鱼在幼鱼期由于体表没有鳞片（长大后才渐渐长出稀疏的鳞片），体表大部分呈现出半透明状，并不是我们想象的雪白美丽，而是呈一种纯白奶油的颜色。而在长大后，它就开始变得非常美丽，由于它的体表大部分是光滑无鳞的，颜色发自于肌肤，看上去非常鲜艳。由于血统问题，这种锦鲤在日本并不受欢迎，但是在世界其他地方，却受到人们的追捧。

（9）口红红白　对于红白锦鲤来说，如果有个小小的圆形的红色斑块在锦鲤的口吻部，好似女子的口红一般，就会非常美妙。在鉴赏这种锦鲤时，要求头上的大红斑不要超过眼线、口吻部的圆斑要小而圆满。在饲养时要注意对口红部位的照顾，鉴赏时要加以选择和判断。

（10）丸点红白　红色的圆斑在红白锦鲤的头部，斑的面积不宜太大。

（11）大模样红白　在白底上，具有简单而大块红色花纹的锦鲤。通常会和一条红或闪电纹红白锦鲤相混淆，要注意加以区别。

（12）掩鼻红白　红色的斑纹掩盖在锦鲤的鼻部，到达嘴唇的位置，但并没有将整个头部覆盖。这种锦鲤由于给人的感觉不是太雅观，所以对于一些锦鲤发烧友来说，并不是最好的选择对象，因此并不受欢迎。

（13）小模样红白　在锦鲤的白底上，分布着一些清秀而小块的花纹，观赏起来有小家碧玉的柔弱美。

（14）仙助红白　这是日本锦鲤名家纲作太郎于1954年培育的，“仙助红白锦鲤”头部有大面积的红色斑纹，但是这种斑纹并没有完全覆盖整个头部。

（15）矢藤红白　这是日本锦鲤名家矢藤培育的优质锦鲤，“矢藤红白锦鲤”身体两侧和头部均有红色斑纹，但是头部的斑纹要比仙助红白小得多。

（16）白无地、赤无地　属于红白锦鲤系而无斑纹者称之为“无地”。全身白色者称“白无地”，全身红色者称“赤无地”或绯鲤，都是毫无观

赏价值的鱼，第一次选鉴时即要淘汰。

另外，“丹顶红白锦鲤”归类于“丹顶”，“鹿子红白锦鲤”归类于变种鲤，“白金红白锦鲤”归类于“花纹皮光鲤”，“金银鳞红白锦鲤”归类于“金银鳞”。川上太郎于 1960 年培育的万藏系和间野宝于 1970 年培育的大日系也是非常有名的红白锦鲤品种。

6. 观赏红白锦鲤时应注意的事项

① 底色一定要洁白而近纯白色者最好，尤其是鲜艳的白底为最，如泛黄的白底或有黑斑点者，评价低劣。

② 红色斑纹的边际明显而未呈模糊状者最好。

③ 绯色的色调呈深红色者最好。

④ 不论是大斑纹还是小斑纹，在头部一定要有红色斑纹，但头部全为红色者的“覆面红白锦鲤”，观赏价值较低。

⑤ 绯盘或斑纹的配置要左右对称。

⑥ 头部与躯干部之间的红斑有白色切入者为佳。红色不可渲染至嘴吻、眼部、胸鳍、背鳍及尾鳍等处。

二、大正三色锦鲤

1. 大正三色锦鲤的定义

白底上有红色及黑色斑纹者称为大正三色锦鲤。头部只有红斑而无黑斑，胸鳍上有黑色条纹者为基本条件。与红白锦鲤同为锦鲤的代表品种。

2. 大正三色锦鲤的历史

大正三色锦鲤由星野荣三郎氏于大正四年（1915 年）固定其性状，因而得名。之后逐渐改良而产生“甚兵卫”“寅藏”和“定藏”等优良血统。

3. 斑纹应有的条件

白底与红白锦鲤要求一样，必须纯白，不要呈饴黄色。

红斑也与红白锦鲤要求一样，必须均匀浓厚、边缘清晰。头部红斑不

可渲染到眼、鼻、颊部，尾结后部最好有白底，躯干上斑纹左右均匀，鱼鳍不要有红纹。

头部不可有黑斑，而肩上须有，这是整条鱼的观赏重点。墨是指大正三色或昭和三色的黑色花样，白底上的墨斑称为“穴墨”，红斑上的墨斑称为“重叠墨”，以穴墨为佳。少数结实的块状黑斑左右平均分布于白底上者，品位较高。身体后半部不能有太多黑斑。

胸鳍上如有2～3条黑色条纹较理想，不能有太多黑条纹。

4. 大正三色锦鲤的种类

(1) 口红大正三色　嘴吻上有小红斑的大正三色，有时由于口红的存在而形成整体花纹的平衡，以尾结部有白底存在者为佳。

(2) 赤三色　自头、背一直到尾结有连续红斑纹，并在期间点缀黑斑的大正三色，黑斑多是重叠斑，很少看到穴斑。这种体色是非常华丽的，给人视觉上一种强烈的感觉，但是许多赏鲤名家认为这种锦鲤的品位并不高。赤三色的体长可达115厘米。

(3) 富士三色　这是一种比较有特色的锦鲤品种，除了在鱼体的白色基底上有红、黑两种斑纹之外，头部也会出现银白色粒状斑纹，就好像日本名山——富士山顶的积雪一般美丽。

(4) 德国三色　德国鲤的大正三色锦鲤称为德国三色，它的鳞片很少，以至于我们常常认为它是无鳞的。在鱼体的白色皮肤上赫然呈现出红、黑斑纹，尤其是黑色斑纹看上去更加清晰夺目。幼鱼比成鱼更加漂亮诱人。

(5) 德国赤三色　鱼体为镜鲤型，鳞片比较稀少，自身的体色发出洁白的光泽，身体上的斑纹与赤三色锦鲤是相同的。

(6) 穴墨三色　这种锦鲤要求身体上的少数块状黑斑左右均匀地分布在白底上，越是分布均匀，品位就越高。但是要注意两点，一是头部不能有黑斑，二是身体的后半部的黑斑要尽可能地少。

(7) 三色一品鲤　一品鲤就是指特别好的锦鲤品种，也是众多锦鲤爱好者梦寐以求的极品鲤。它有着超凡脱俗的魅力，身体上的绯盘细小而错乱，头部有鲜红的红斑，呈现出一种凌乱的美感。在甄选时要加强鉴别。

另有“衣三色锦鲤”归类于“衣锦鲤”，“鹿子三色锦鲤”及“三色秋翠锦鲤”归类于变种鲤，“大和锦”归类于“花纹皮光鲤”，“金银鳞三色

锦鲤”及“丹顶三色锦鲤”分别归类于“金银鳞”与“丹顶”类。

5. 观赏大正三色锦鲤应注意的事项

① 绯盘、墨斑的红色、黑色鲜明且浓厚者为佳。

② 白地同红白锦鲤一样，越近纯白者越好。

③ 头部一定要有绯盘，头部无墨斑、胸鳍有条形墨斑者为佳。

④ 墨斑无零乱感，墨质也不是点状集结块，而是边缘十分明确锐利者最佳。

⑤ 鱼体的绯盘、墨斑必须均匀配置、左右平衡、前后和谐。

三、昭和三色锦鲤

1. 昭和三色锦鲤的定义

黑底上有红白锦鲤纹，且胸鳍基部有黑斑的三色锦鲤称为昭和三色锦鲤。

2. 昭和三色锦鲤的历史

昭和三色锦鲤是于日本昭和二年（1927 年）由星野重吉氏用黄写锦鲤及红白锦鲤杂交培育出的新品种。早期昭和三色锦鲤的红斑是橙色的，后经小林富次氏配以弥五左卫门红白锦鲤，成功地将其红色改良成现在这样鲜艳浓厚的色彩。

3. 斑纹应有的条件

头部必须有大型红斑，红质均匀、边缘清晰、色浓者为佳。白地要求纯白，头部及尾部有白斑者品位较高。墨斑以头上有面割者为佳，躯干上墨纹为闪电形或三角形，粗大而卷至腹部。胸鳍应有元黑，不应全白、全黑或有红斑。

4. 昭和三色锦鲤的种类

（1）淡黑昭和　指昭和三色锦鲤的黑斑上，鱼鳞一片片呈淡黑色，这种锦鲤看上去并不是特别美观，但是它具有特殊的风味和深度美感，淡雅

优美、别具风采，是人们喜爱的品种之一。

（2）绯昭和　自头部至尾结，全身都有大面积的连续的红色花纹，红、黑相间，显得持重而艳丽。

（3）近代昭和　鱼体仍由黑、红、白三色组成，但白地居多，而黑纹犹如墨点白宣，具有大正三色锦鲤的鲜明色彩，头部必须有黑斑，显得清晰而庄重。因此有一些刚刚入行的锦鲤爱好者常常会误认为是大正三色锦鲤。

（4）德国昭和锦鲤　是德国系统的昭和三色锦鲤，以镜鲤为基本型，身体两侧的鳞片较少，给人一种透明的丝绒般的感觉。德国锦鲤披上了昭和三色锦鲤的彩衣，花纹鲜明，幼鱼时尤为华丽，也是人们喜爱的品种之一。

（5）影昭和　顾名思义，就是像影子一样若隐若现，具体来说就是在昭和三色的红斑或白底上有淡黑阴影花纹的锦鲤，叫“影昭和”。饲养时，要保持水体中有充足的溶解氧，水体中的浮游生物要丰富，避免浮头现象的发生。

（6）金昭和　这种锦鲤的身体带有金属光泽，非常美丽大气，是由昭和三色和黄金锦鲤杂交出来的品种，因黄金色较强烈被称为“金昭和锦鲤”。

（7）银昭和　昭和三色锦鲤与黄金鲤交配产生的皮光鲤中白金色较强烈的称“银昭和”。食性杂，对天然饲料和人工饲料都能接受，在规模养殖时以人工配合饲料为佳。需要定期投喂水蚤等活饵料，饲养有相当的难度。

另外有“衣昭和锦鲤”归类于“衣鲤”，“鹿子昭和锦鲤”“昭和秋翠锦鲤”均归类于变种鲤，“金银鳞昭和锦鲤”归类于金银鳞，“丹顶昭和锦鲤”归类于丹顶。

5. 观赏昭和三色锦鲤应注意的事项

① 绯花纹要像红白锦鲤般均匀配置。

② 绯色边缘明确鲜明，不可模糊不清，色调以深红色为宜。

③ 墨质以具光泽的漆黑色最好，墨质边缘同样不可模糊。

④ 头部一定要有较具特色的墨斑。

⑤ 胸鳍以大小适中的圆黑为佳。

6. 大正三色锦鲤与昭和三色锦鲤的区别

具有红、白、黑三色斑纹的锦鲤分大正三色锦鲤及昭和三色锦鲤两

种。前者是白底上有红斑、黑斑，后者则是黑底上有红斑、白斑。具体区别如下：

① 大正三色锦鲤头部无黑斑而昭和三色锦鲤头部有黑斑。

② 大正三色锦鲤的黑斑呈圆形块状而存在于鱼体侧上部；昭和三色锦鲤的黑斑呈连续纹状或带状，席卷至腹部甚至全身。

③ 大正三色锦鲤的胸鳍为白或有黑条纹，而昭和三色锦鲤胸鳍基部有圆形黑斑即“圆黑”。

观察过两者鱼苗阶段的人就能清楚地了解到，它们的墨斑存在着本质的不同，大正三色锦鲤的墨质为青黑，而昭和三色锦鲤的墨质为灰墨，因此只要看墨斑的质地即可辨明。

四、写鲤

1. 写鲤的定义

黑底上有三角形白色斑纹的，称为“白写锦鲤”；黑底上有三角形黄色斑纹的，称为“黄写锦鲤”；黄写锦鲤的黄色浓，接近橙赤色者，称为“绯写锦鲤”；“德国写鲤”是由德国镜鲤与日本锦鲤杂交而培育出，体形与镜鲤相同，体无鳞或有个别散鳞。

2. 写鲤的历史

白写锦鲤是 1925 年由日本新泻县山古志村的峰村一夫氏育成的，黄写锦鲤则于 1870 年即有佳品出现，后于 1920 由星野荣三郎氏定名。

3. 斑纹应有的条件

白写锦鲤、黄写锦鲤、绯写锦鲤与昭和三色锦鲤所要求的黑斑的质地、斑纹相同，色彩愈浓愈佳，胸鳍是美丽的条纹斑。写鲤除上述三种外，还有德国系统的写鲤，如“德国白写锦鲤”等。

4. 写鲤的种类

（1）白写　黑底上有白色斑纹的，称为白写，如果这种白色斑纹是三角形的，那么观赏效果更佳。白地要像红白一样，应是纯白的，胸鳍应为

元黑，并有美丽的条纹斑。在幼鱼时期的白写黑色并不浓重，但只要质地好，加上科学培育，长大后就会有惊人的表现。

(2) 银白写鲤　白写锦鲤的皮光鲤，即白金底的白写锦鲤。银白写鲤出产不多，有人说这是由长大的银白写鲤难以保持身上的墨质造成的。

(3) 黄写　黑底上有三角形黄色斑纹的，称为黄写。黄写的黑底要越浓越好看，以展现出结实有力的感觉，而黄斑则必须有光彩，色彩就像银杏叶的黄，且不能有黑芝麻般的小黑点。

(4) 金黄写　黄写锦鲤或绯写锦鲤与黄金锦鲤的交配种。金黄写的底色为金黄或绯红，且带有光泽，有墨斑覆盖其上，十分漂亮。

(5) 绯写　黄写锦鲤的黄色更加浓郁，给人的感觉是接近橙赤色的，就称为绯写。它的胸鳍和黄写相同，都有条纹斑。从整体的观赏效果来看，好像是黑色与红色的强烈对比，十分引人注目。饲养时要注意在幼苗期的选别和对黑斑的控制。

(6) 德国写鲤　由德国镜鲤与日本锦鲤杂交而培育出，体形与镜鲤相同，体无鳞或有个别散鳞。

(7) 秋翠写鲤　在背部有淡蓝的秋翠特征，身上是写鲤系统的黑斑，黑斑可以延伸到腹部。饲养较难，要在静水的小池塘环境中饲养，保证每天不能少于2.5小时的光照，水体中的浮游生物要丰富。

5. 观赏写鲤应注意的事项

① 跟昭和三色锦鲤一样，头部有面割墨，或有口墨为宜。

② 不管是哪种写鲤，鱼体上的墨都没有任何小块墨或芝麻墨。

③ 墨花纹部分跟昭和三色锦鲤完全相同，如墨量多者凝重而颇具重量感的魅力，墨量少者轻快且有流畅美感。

④ 黄写锦鲤会因黄花纹的黄色色调不同而韵味也不尽相同。

五、别光锦鲤

1. 别光锦鲤的定义

白底、红底或黄底上有黑斑的锦鲤称为“别光锦鲤”，我国常称为“别甲”，属大正三色锦鲤系统。

2. 别光锦鲤的种类

（1）白别光锦鲤　大正三色锦鲤去除红斑就是白别光锦鲤，也就是白底上有黑斑的，以头部纯白、不呈饴黄色为佳品。

（2）赤别光锦鲤　赤无地的背上有黑斑的，称为“赤别光锦鲤”。黑斑的质地与白别光锦鲤的完全相同。赤别光锦鲤与赤三色锦鲤的区别是赤别光锦鲤无白纹而赤三色锦鲤则稍带一些白色。

（3）黄别光锦鲤　黄底黑斑、头部无墨的锦鲤。

（4）德国别光锦鲤　德国系统的别光锦鲤，它是由别光锦鲤和德国镜鲤杂交得来的品种，身上无鳞片或少鳞片是它的一大特征。同样地，德国别光也分为“德国白别光”和“德国赤别光”两种。

3. 白写锦鲤与白别光锦鲤的区别

只有黑白两种颜色斑纹的锦鲤有白写锦鲤以及白别光锦鲤，区别如下：

① 白写锦鲤的头部必有隔断型黑斑，或鼻尖上有黑斑及头顶上有人字形的斑纹，白别光锦鲤在头部没有黑斑。

② 白写锦鲤躯干上的黑斑延伸至腹部，而白别光锦鲤的黑斑只在背部。

③ 白写锦鲤的胸鳍通常为元黑，而白别光锦鲤的胸鳍有条纹状黑斑或全白。

总之，白写锦鲤为黑底白花纹，而白别光锦鲤为白底黑斑纹，两者的墨质完全不同。

六、浅黄锦鲤、秋翠锦鲤

1. 浅黄锦鲤、 秋翠锦鲤的定义

背部呈深蓝色或浅蓝色，蓝色鱼鳞的外缘呈白色，而左右脸部、腹部以及各鳍基部呈赤色的锦鲤称为“浅黄锦鲤”。蓝色的斑纹和两侧的红色色彩要清楚明晰。

德国鲤系统的浅黄锦鲤，称为“秋翠锦鲤”。值得注意的是，秋翠的

幼鱼和尚未成熟的浅黄锦鲤相比，在蓝色和橙红色的相互映衬下，非常漂亮，但是随着秋翠渐渐长大为成年鱼后，它就会逐渐失去美感，也无法与相同体形的浅黄相比了。

2. 浅黄锦鲤、秋翠锦鲤的历史

浅黄锦鲤属于锦鲤的原种之一，至今约有160年的历史，而秋翠锦鲤则是1910年由秋山吉五郎氏将德国鲤与浅黄三色锦鲤交配而得之。

3. 斑纹应有的条件

浅黄锦鲤最主要的是头部必须为清澈的淡蓝色，不能有黑影或芝麻黑点。背部一片片蓝色鱼鳞整齐耀眼，左右脸部、腹部及鳍基部呈赤色为基本型，赤色俞少愈佳。背部无赤斑为佳。

秋翠锦鲤背部的天蓝色特别鲜明，头部为清澈的淡蓝色。鼻尖、脸部、腹部及鱼鳍基部有红色，不能有黑影或芝麻黑点。

一般德国系锦鲤必须具备如下条件：鱼鳞排列必须整齐，尤其秋翠锦鲤背上一排呈浓蓝色的鳞片更须严格要求整齐地排列。背部一排鳞片与腹部侧面一排鳞片间常出现单独存在的大鳞片，称为“赘鳞”，最好不要有这种赘鳞。如果有多数不规则排列的大鳞片，称为“铁甲鳞”，无观赏价值。

4. 浅黄锦鲤、秋翠锦鲤的种类

(1) 绀青浅黄锦鲤　颜色最浓，最接近于真鲤的浅黄锦鲤，又叫“深蓝浅黄”。

(2) 鸣海浅黄锦鲤　鳞片中央呈深蓝色而周围颜色较淡的浅黄锦鲤，称“鸣海浅黄锦鲤”，为最具代表性的浅黄锦鲤。这种锦鲤的蓝色程度与绀青浅黄相比，要淡一些。绀青浅黄和鸣海浅黄鳞片的区别是：绀青浅黄的鳞片从生长点到外沿为浅蓝变成深蓝，而鸣海浅黄正好相反。

(3) 水浅黄锦鲤　身体蓝色最淡的称为“水浅黄”，又称为“蓝浅黄”，有的锦鲤爱好者也叫它“草浅黄”或“牢浅黄”。

(4) 浅黄三色锦鲤　体侧上部为浅黄色，头部与腹部有红斑纹，下腹部呈乳白色者称“浅黄三色锦鲤”，这种锦鲤异常漂亮。

（5）瀑布浅黄　又称为“龙浅黄”，这种锦鲤背部的蓝色鳞片和腹部绯色鳞片的分界线上分布有如奔流瀑布一样的白色肌肤，非常壮观美丽，是一种很难得的锦鲤新品种。

（6）绯浅黄　身体两侧和面颊大部分为绯红色的浅黄锦鲤。它的鳞片就好像人为地披上一张网一样，因此一些锦鲤鉴赏名家称之为“网目”。如果浅黄的鳞片排列整齐且有规则，就称之为“网目漂亮”或“网目良好”。

（7）花秋翠锦鲤　背鳞与腹侧鳞之间的蓝底有红斑纹相连在一起，称为“花秋翠锦鲤”，十分美丽。

（8）绯秋翠锦鲤　背部不呈蓝色而与腹部一样全都为红色斑纹所覆盖，称“绯秋翠锦鲤”，颜色越浓越好。其身体其他部位有明显或隐约的蓝色闪现，非常美丽。

（9）黄秋翠锦鲤　黄色的秋翠锦鲤，背部为蓝色。这种锦鲤在欧洲和美国是非常受欢迎的。如果是背部鳞呈黑色的黄色锦鲤，则称为“德国黄松叶锦鲤”。

（10）珍珠秋翠锦鲤　这是秋翠与银鳞杂交培育而成的新品种。秋翠锦鲤背部鳞片有银色覆鳞，覆鳞形似珍珠，故名为“珍珠秋翠”。

七、衣锦鲤

1. 衣锦鲤的定义

衣锦鲤是红白锦鲤或三色锦鲤与浅黄锦鲤交配所产生的品种。衣锦鲤属于红白锦鲤系统或三色锦鲤系统。

2. 衣锦鲤的种类

（1）蓝衣锦鲤　浅黄锦鲤与红白锦鲤的交配种，在红白的每一片红斑鳞片边缘都呈蓝色半月形的网目状纹，但是头上的红斑并没有染上蓝纹。

（2）墨衣锦鲤　红白锦鲤的红斑上涂有一层墨汁般的斑纹称为“墨衣锦鲤”，墨衣锦鲤头部的红斑上亦有黑点纹。

（3）葡萄三色锦鲤　红白和浅黄的交配种，在漂亮的白色肌肤上很清楚地浮现出紫黑色的像熟透的葡萄的颜色的鳞片，这些鳞片聚集在一起而

成为葡萄状斑纹，就称之为“葡萄三色锦鲤”，有时也称为“葡萄衣锦鲤”。

(4) 衣三色锦鲤　这是蓝衣和大正三色交配所产生的后代，经过培育而得到的新品种，具体来说也就是大正三色锦鲤的红斑上出现蓝色斑纹的锦鲤称为“衣三色”。

(5) 衣昭和锦鲤　这是蓝衣锦鲤与昭和三色锦鲤杂交而选育出的品种。其特点是在昭和三色锦鲤的红斑上出现蓝色斑纹。

八、变种鲤

1. 变种鲤的定义

“乌鲤”“黄鲤”“茶鲤”“绿鲤”及“松叶”等较少被列为品评会品种的称为变种鲤，它们是一大类锦鲤，在鉴赏中各具特色。

2. 变种鲤常见种类

(1) 乌鲤　鱼如其名，是全身漆黑如墨的锦鲤。乌鲤一般是由野生鲤鱼突变后，再经过人为地定向培育而得到的品种。其体长和乌黑程度决定了它的商品性和观赏性，巨大的德国系统乌鲤具有很高的观赏价值。

(2) 羽白锦鲤　在乌鲤当中，胸鳍末端呈白色的，称为“羽白锦鲤”。这种锦鲤很有特色，如同有着白色的羽翼一样。如果羽白的身形非常饱满，它的身体漆黑如墨，在胸鳍的外缘圈着完整的白色，且形状很完美，这种羽白就是精品了。

(3) 赤羽白　红鲤的胸鳍末端呈白色的锦鲤，也就是说锦鲤的胸鳍外缘有如羽毛般的白色，就称为“赤羽白”。

(4) 红鲤　也就是我们通常见到的身体全红的鲤鱼。这种鱼在中国深受欢迎，受到人们的重视，民间赋予了它吉祥如意、年年有余的感情色彩，培育已有上千年的历史。

(5) 四白锦鲤　在乌鲤当中，头部和左右胸鳍、尾鳍均为白色者，称“四白锦鲤”。

(6) 秃白锦鲤　在乌鲤当中，鼻尖或头部均为白色称“秃白锦鲤”。

如果白色块非常大，接近胸部，我们就称为“大秃头锦鲤”，这种锦鲤是非常难得的精品。

（7）松川化锦鲤　一种从浅黄锦鲤演变而来的混有墨纹血统的鲤鱼，一年中随季节变化而数度改变其黑白斑纹关系位置，称为“松川化锦鲤”。这种锦鲤的最大观赏要点就是它身上的墨纹会根据季节和水温的变化而时隐时现，特别有趣。例如春天把这尾锦鲤放入到养殖池中，随着自然界水温的升高，它身上的斑纹会变浅或消失；而到了秋天，水温下降时，它身上的斑纹会再度很清楚地出现。

（8）九纹龙　羽白锦鲤系统的德国鲤，全身浓淡斑纹交错，仿佛一条墨水绘成的龙，称为“九纹龙”。九纹龙区别于白写的就是头部没有墨斑。它身上的墨也会随着季节和水温的变化发生相应的变化。

（9）红九纹龙　是红白和九纹龙进行杂交的后代，身体的前半部拥有美丽的绯红斑。随着季节和水温的变化，它身上的墨也会发生相应的变化。

（10）红辉黑龙　这是一种杂交培育的后代，是通过“辉黑龙”与菊水杂交得到的，是辉黑龙浮现出绯纹的品种。体长可达115厘米。

（11）黄鲤　全身呈明亮黄色的锦鲤，颜色单一但是非常大气，常见的是“赤目黄鲤”。

（12）茶鲤　全身茶色的锦鲤，色调虽然单一，但是它是一种大型的锦鲤，深受人们的喜爱。尤其是德国系统的茶鲤生长快速，因此常有巨大的茶鲤出现。

（13）落叶时雨　青灰色质地上有茶色斑纹的锦鲤，远远看上去，身上具有落叶一样的花纹，因此而得名。其拥有枯叶般的灰色与黄色的贴分斑纹，或灰色与绿色系统茶色贴分的斑纹。它的生长速度很快，随着个体的不断长大，鱼体的颜色会随着季节变换而有不同的变化，具有很高的欣赏价值。

（14）德国落叶时雨　它是德国系统的落叶时雨，鱼体的颜色呈暗黄色，一片片的鳞片在水中浮现，颇具有古典的韵味，具有很高的欣赏价值。

（15）松叶锦鲤　与浅黄锦鲤一样属于古老的锦鲤品种。每一片赤色鳞片上浮现黑斑的称为“赤松叶锦鲤”，黄色鳞片称为“黄松叶锦鲤”，白色鳞片称为“白松叶锦鲤”，与黄金锦鲤交配产生的称“金松叶锦鲤”“银

松叶锦鲤”。

（16）绿鲤　以秋翠锦鲤系的雄鲤交配黄金锦鲤系的雌鲤所产生的后代，为全身呈黄绿色的德国系统锦鲤。

（17）五色锦鲤　由浅黄锦鲤与赤三色锦鲤交配产生，称为“五色锦鲤”。五色锦鲤可以说是浅黄的蓝底上有赤三色锦鲤的斑纹，因身上有白、红、黑、蓝、靛五色而得名。

（18）德国五色　德国系统的五色锦鲤。

（19）三色秋翠　大正三色锦鲤与秋翠锦鲤的交配种，其白底上有红色或黑色的斑纹，背部有一排呈蓝色的鳞片，排列整齐。简单地说三色秋翠锦鲤就是大正三色锦鲤的背部具秋翠锦鲤特有蓝底的德国鲤。

（20）昭和秋翠　昭和三色锦鲤与秋翠锦鲤的交配种，其黑底上有红白花纹，背部有一排醒目且排列整齐的鳞片。简单地说昭和秋翠锦鲤就是昭和三色锦鲤的背部具秋翠锦鲤蓝底的德国鲤。

（21）五色秋翠锦鲤　五色锦鲤与秋翠锦鲤的交配种，在鱼体上分布有五色的基础上，背部有排列整齐的鳞片。

（22）鹿子红白锦鲤　红白锦鲤的绯盘不大，红斑不集中，具有单独呈现在各鳞片上的像梅花鹿身上花纹一样的斑纹，称“鹿子红白锦鲤”，是一种非常珍贵的品种。

（23）鹿子三色锦鲤　鱼体肩上具有黑斑，具备大正三色锦鲤的特征，尤其是红斑的一部分呈梅花鹿身上的斑纹或呈樱花花瓣状的就称为“鹿子三色”，它是由大正三色与鹿子红白杂交得来的品种。

（24）鹿子昭和锦鲤　昭和三色锦鲤的红斑部分像梅花鹿身上的斑纹一样分布，黑斑同昭和三色一样有特色，白斑对于鹿子昭和同样也很重要，但是它的量不需要太多，只要占到斑纹总数的20%左右就可以了。

（25）影白写　写鲤的底色上有淡黑网目状阴影花纹的称为“影写”，影写有“影白写”及“影绯写”两种。白写的底色上有淡黑网目状阴影花纹的称为影白写，整齐而黑斑结实的才具有观赏价值。

（26）影绯写　绯写的底色上有淡黑网目状阴影花纹的称为影绯写，网目整齐而黑斑结实的才具有一定的观赏价值。

（27）影昭和锦鲤　昭和三色锦鲤的红斑或白底上有淡黑阴影花纹者称之为“影昭和锦鲤”。

九、黄金锦鲤

1. 黄金锦鲤的定义

全身为金黄色的锦鲤称黄金锦鲤。

2. 黄金锦鲤的历史

黄金锦鲤于1946年由青木泽太氏父子育成。黄金锦鲤常用于与各品种锦鲤交配而产生豪华的皮光鲤，成为改良无花纹皮光鲤的主要角色。

3. 黄金锦鲤的观赏要点

在鉴赏时，要注意它的头部必须清爽而且要闪闪发光，不能有阴影，胸鳍呈现出明亮的黄金色。鳞片的外缘我们称之为“覆轮”，黄金鳍的覆轮必须呈现出明亮的黄金色，如果覆轮能延伸到腹部，胸鳍也明亮，就是高级的黄金鲤。德国黄金锦鲤又须注意鳞片整齐与否，不能有赘鳞。值得注意的是，在夏季水温较高时，鱼体上黄金的颜色通常会变为暗金黄色，所以在选购时要特别注意，最好能选择受水温影响较小的黄金鲤。不论季节、水温变化始终光泽明亮者为上品。另外，由于黄金锦鲤常因贪食而过度肥胖，不能长成巨大的锦鲤，因此，选购时又须注重骨架及体形是否有异。

4. 黄金锦鲤的种类

（1）灰黄金锦鲤　银色的皮光鲤称为“灰黄金”，其外观呈银灰色，鳞片富有光泽，头部必须光亮清爽，不能有阴影。

（2）白黄金锦鲤　全身呈银白色的黄金锦鲤称“白黄金”，通常称为“白金”。这种锦鲤的鱼体素白，鳞片富有光泽，犹如白金的光辉一样，头部必须光亮清爽，不能有阴影，胸鳍也要呈现出明亮的白金色。这种锦鲤有一个最大的毛病就是十分爱吃饲料，因此常常会伴随着过度肥胖及胸鳍畸形等情况，在选别时一定要注意及时淘汰。

（3）白金锦鲤　全身呈银白色者称为“白金”。1963年以黄鲤交配灰黄金锦鲤而得之。

（4）白金红白　是红白锦鲤与白金杂交产生的后代，身体上具有红白锦鲤的特色，全身银白色而有光亮的覆轮，头部很光亮清爽就像白金一样。

（5）白金富士　由红白锦鲤与黄金锦鲤交配产生，鱼体的白金色强烈，背部光亮且特别漂亮，头部必须为光亮的白金色。

（6）山吹黄金锦鲤　1957年由黄鲤和黄金鲤交配而来，全身呈纯黄金色的锦鲤称为“山吹黄金”，是黄金锦鲤类具代表性品种。这种锦鲤要求鳞片的外缘必须呈明亮的金黄色，鳞片整齐延伸至腹部侧面的就是上品，胸鳍必须明亮，头部也必须光亮清爽，不能有阴影。与黄金鲤不同的是，即使在夏季水温较高时，它的体色也不会变暗，依然是光彩夺目、非常艳丽。山吹黄金常常因贪食而过度肥胖，直接影响它骨架的生长和体形，从而不能长成巨大的锦鲤。

（7）橘黄金　全身呈现美丽橘黄色的皮光鲤就是“橘黄金锦鲤”，于1956年培育成功。

（8）樱花黄金　将光泽添加于鹿子红白的锦鲤称为“樱花黄金”。

孔雀秋翠背部有光亮的雌鱼配上金松叶及贴分的雌鲤产生的后代，全身的绯纹必须浓厚，白银般的鳞片闪闪发光，是一种极为完美的锦鲤。

（9）红孔雀　全身布满红斑纹，头部的绯纹必须浓厚，是一种非常美丽的锦鲤。

（10）绿孔雀　头上布满细致的白金色鳞片而闪闪发光，背上的金色纹路有如宝石般灿烂，全身的白金底上有美丽的松叶型鳞片整齐地排列着。

（11）德国孔雀　德国系统的锦鲤背部的黑斑纹呈松叶状排列，上面覆盖着红斑，称为“德国孔雀”。

（12）孔雀黄金　由浅黄系列与光类锦鲤杂交而得到的新品种称为“孔雀黄金”，背部大鳞有光泽，且具有孔雀锦鲤的部分特征。孔雀黄金兼具光泽类锦鲤特有的豪华品位及变种鲤珍贵的品格，精彩之处主要在于松叶纹要有高贵的光泽。

（13）红叶黄金　由带黑色的五色秋翠雌鲤与浓色黄金雄鲤或白金地贴分黄金雄鲤杂交而产生的后代，经过多年的培育和选择后，形成了目前具有特色的新品种。这种锦鲤的体色是红色中略带紫，头盔呈松叶状，背鳍闪闪发光，十分美丽。

（14）锦翠　秋翠的光写类，它的特点是身上的绯斑多。这种鱼在幼年时非常华丽，但随着生长，它美丽的光泽会慢慢地消退，一旦光泽消退后，它的欣赏价值就会大大降低，因此我们在赏析时重点是赏析它幼年时的美丽。

（15）银翠　秋翠的光写类，与锦翠相比，它的特点是身上的绯斑少。与锦翠一样，银翠身上的光泽也会随着生长而消褪，因此重点赏析幼年时的银翠。

（16）绯黄金　绯色的皮光鲤，具有强烈的金属光泽。

（17）赤松叶　与浅黄锦鲤一样属于古老的锦鲤品种，每一片赤色鳞片上浮现黑斑的称之为“赤松叶”。

（18）白松叶　黄金锦鲤背部每一片鳞片都是白色鳞片的称为“白松叶”。

（19）黄松叶　黄金锦鲤背部具有黄色松叶型鳞片的锦鲤称为“黄松叶”。

（20）金松叶　是茶褐色黄金锦鲤的后代种，背部每一片鳞片组成光亮斑纹，这种光亮的斑纹一直要延伸到腹部才是最美丽的。松叶型的鳞片是锦鲤鉴赏的一个重要特色，黄金系列的品种有相当一部分都是属于这种鳞片形式，它的特点就是潜藏在前方鳞片下方的后部鳞片的基部颜色逐渐消失，淡色的覆轮部与根部会变成包围着浓色的中央部分的形式，在鱼体的前方呈现出菱形或扇形排列，而到了鱼体后方，这些浓色部分会变细，形成上弦月形。

（21）银松叶　也是茶褐色黄金锦鲤的后代种，1960年由星野荣三郎氏培育出来，头部及背部以白金为底，加上松叶型鳞片光彩的就称为“银松叶”。另外银松叶的胸鳍犹如银扇一般发光而且覆轮的光泽尽可能要一直延伸到腹部才是最美丽的。在鉴赏时要注意看它的头部是否清澈透明、胸鳍是否光亮，否则就不是一尾好的锦鲤。

（22）德国金松叶　德国种的松叶黄金，仅背部的鳞片成为光亮斑纹，其他的地方很少有鳞片。

（23）德国银松叶　鼠灰色黄金鲤的德国种，赏析方法同银松叶。

（24）德国黄松叶　黄松叶的德国种，体长要比黄松叶略短，成年个体一般在85厘米左右，赏析方法同黄松叶。

（25）红松叶黄金　红色光泽锦鲤类具有松叶鳞片的品种，头部要求

光滑无阴影。它是一种经过多种杂交手段而得到的品种，先是通过浅黄雌鲤与黄金雄鲤杂交培育出松叶雄鲤，再将松叶雄鲤与菖蒲系统的黄金雌鲤进行再次杂交后，通过定向培育而得到的品种。

(26) 德国黄金锦鲤　德国系统的黄金锦鲤，背部的鳞片大而稀疏，其余地方鲜有鳞片，头部光亮清爽，没有阴影。

(27) 德国白金锦鲤　德国系统的白金鲤，全身呈银白色，背部鳞片大且醒目。

(28) 德国橘黄金锦鲤　德国系统的橘黄金锦鲤，全身呈现出美丽的橘黄色。

(29) 瑞穗黄金锦鲤　橘黄金锦鲤背脊的鱼鳞呈光亮黑色状，就像麦穗一样，感觉十分华丽，故称为“瑞穗黄金”。

(30) 金兜、银兜　头部有兜状（呈铁锹状）金色或银色的光亮斑纹，躯体鳞片呈黑色而带金银色覆鳞的锦鲤。这种锦鲤在黄金鲤产生的后代中常常出现，它本身的观赏价值不是太高，在选别时必须将它及时进行淘汰，一般在 20 厘米时就可以淘汰了。

(31) 金棒、银棒　全身土黑色而脊鳍基部呈金色或银色的锦鲤。它的形状虽然很特别，有一定的观赏价值，但是如果没有特别之处，还是建议将它们在 20 厘米左右选别时进行淘汰。

十、花纹皮光鲤

1. 花纹皮光鲤的定义

凡是写鲤（白写或绯写系统的锦鲤）以外的锦鲤与黄金锦鲤交配产生的锦鲤，皆可称为“花纹皮光鲤”。

2. 花纹皮光鲤的种类

(1) 贴分锦鲤　金银二色斑纹的锦鲤，头部必须清爽，覆轮越多越好，且斑纹必须左右对称排列。

(2) 山吹贴分锦鲤　是纯金黄与白金二色斑纹的锦鲤，头部要清爽，头部的覆轮要越多越好。另外头部和背脊有白金的山吹贴分，姿态十分优美，通常是人们追求的优质锦鲤。

（3）橘黄贴分锦鲤　具有橘黄与白金二色斑纹的锦鲤，又称为“橘黄锦鲤”。

（4）贴分松叶　躯干的鳞片以白金为底，呈松叶状斑纹的贴分锦鲤。

（5）德国贴分锦鲤　德国系统的贴分锦鲤，是由德国鲤和黄金贴分杂交而来，身体光滑且富有强烈的金属光泽，它的鳞片排列整齐划一，以没有赘鳞为优，是非常优秀的个体，深受锦鲤玩家的喜爱。

（6）德国山吹贴分　德国系统的山吹贴分锦鲤，是由德国鲤和山吹贴分杂交而来，身体光滑且具有纯黄金与白金二色的斑纹。

（7）山吹贴分松叶　是一种具有纯黄金与白金二色的山吹贴分，它躯干的鳞片是以白金为底，呈松叶状斑纹，也就是说在它们黄金般的鳞片上浮现出了黑色的色泽。

（8）菊翠　以白金为底，头部光滑并富有光泽，两腹部具波浪形的绯红色花纹，如果左右花纹能对称排列，那就是极品锦鲤了。

（9）菊水　德国系统的山吹贴分锦鲤或橘黄贴分锦鲤之中，侧腹部有漂亮波纹形或斑状花纹的称为菊水锦鲤。菊水锦鲤全身以白金为底，头部与背部银白色特别醒目，头部要求光滑并富有光泽，左右花纹均匀透亮。它在幼鱼期间并不是太好看，只能体现出黄金贴分的形状，随着鱼的生长，它身体上花纹的颜色才逐渐浓郁、漂亮起来。

（10）百年樱　在菊水锦鲤中，全身以白金为底，头部要求光滑并富有光泽，背部鳞片的覆鳞特别光亮，头部与背部银白色特别醒目，这种锦鲤就被称为“百年樱”。

（11）白金富士锦鲤　红白锦鲤与黄金锦鲤交配产生，头部必须为光亮的白金色，白金色强烈而背部光亮，特别漂亮，又称为“白金红白锦鲤”。

（12）大和锦锦鲤　大正三色锦鲤的皮光鲤，鳞片有光泽，红斑纹较淡，身体上有白金的金属光泽，红色和黑色的斑纹具有大正三色的特征，屡有佳品出现。

（13）锦水　属于秋翠锦鲤系的皮光鲤，身体上红斑多的就称为“锦水”。当锦水在1～2龄时，十分美丽壮观，当它进一步生长时，它的光亮色彩会慢慢地消失，欣赏价值也有一定程度的降低。

（14）银水　属于秋翠锦鲤系的皮光鲤，身体上红斑少的就称为“银水”。和锦水一样，当银水在1～2龄时，十分美丽壮观，随着鱼体长大，

光亮色彩消退，观赏价值也会大打折扣。

（15）松竹梅　蓝衣的皮光鲤就叫松竹梅，身体上发出浅蓝色的光亮。

（16）虎黄金锦鲤　是黄别光锦鲤的皮光鲤，它的背部有黑斑纹，与本身的体色交错，就像老虎身上的花纹一样，富有鲜明的特色。

十一、金银鳞锦鲤

1. 金银鳞锦鲤的定义

全身有金色或银色鳞片而闪闪发光者，称“金银鳞”。

2. 金银鳞的种类

（1）金银鳞红白锦鲤　红白锦鲤的白底有银色光亮者称“银鳞”，如发亮的鳞片在红斑内呈金色者称“金鳞”，是非常华丽的锦鲤。银鳞大致可分两种：鳞片呈现一颗颗银色亮点的称“珍珠鳞”；另外一种是鳞片的银色部分构成一条条光亮带状者称为“银钻石鳞”。不论是珍珠鳞还是钻石鳞，都要大粒且整齐均匀地聚集在背部才是较为美观的。

（2）金银鳞三色锦鲤　有金银鳞的大正三色锦鲤称之。

（3）金银鳞昭和锦鲤　有金银鳞的昭和三色锦鲤，它的身体上有红黑相间的昭和特色。

（4）金银鳞白别光锦鲤　有金银鳞的别光锦鲤，在白色底上有黑斑，但是头上不能有黑斑，鳞片上有银色光泽，这是一种外表大气的锦鲤。

（5）金银鳞皮光鲤　白金山吹黄金锦鲤加上银鳞、金鳞后，成为非常华丽的锦鲤，称为“金银鳞皮光鲤”。

（6）金银鳞橘黄松叶　以松叶斑纹和优美的橘黄金为基础，但是头部的花纹要求不能太明显，身体其他缺少光彩的部分则布满了金银鳞。

（7）金银鳞五色　有金银鳞的五色锦鲤，皮肤具有金银鳞的特点，颜色呈五种颜色变化，是一种非常美丽的锦鲤。

（8）金银鳞蓝衣　有金银鳞的蓝衣就称为“金银鳞蓝衣”，具有蓝衣的其他一些特征。

（9）金银鳞白写　黑底上有白色斑纹，在面部有“人”字形面割，黑斑能延伸到腹部，白斑部分具有银鳞光泽的称为“金银鳞白写”。这种金银鳞白写在幼鱼时期的黑色并不浓重，但只要质地好，加上科学培育，长大后就会有惊人的表现。

十二、丹顶锦鲤

1. 丹顶的定义

头顶有圆形红斑，而全身无红斑者，称为丹顶。如有口红线或头部红斑延伸至肩部者，均不能称为丹顶。

2. 丹顶的种类

（1）丹顶红白　全身雪白而只有头顶有圆形红斑者称为“丹顶红白”，这种圆斑酷似日本的国旗，因此在日本国内极受推崇，受到日本锦鲤爱好者的狂热喜爱。红斑呈圆形且愈大愈好，但以不沾染到眼边、背部、口或鼻为宜。红色要浓厚，红斑边缘清晰，白质要纯白，不得有口红。红斑可有不同形状，除圆形外，还有呈梅花形的“梅花丹顶”、呈心形的“心形丹顶”，以及“角丹顶”等。

（2）丹顶三色　全身洁白，只有头部有圆形红斑，多数身体上的黑斑稀少而细小，整个身体就像白别光一样，集素雅、艳丽于一身，这样的锦鲤就称为“丹顶三色”。在幼鱼阶段时，这种鱼并不为人所看好，它的红斑为橘红色、墨斑为灰色是正常现象，但是随着鱼体的生长，颜色会逐渐变得浓郁起来。

（3）丹顶昭和　昭和三色锦鲤在头部有一块红斑的就称为“丹顶昭和”。

（4）丹顶五色　五色锦鲤在头部有一块红斑的就称为“丹顶五色”，有时也称为“五色丹顶”。

（5）丹顶秋翠　秋翠锦鲤在头部有一块红斑者称之。

（6）丹顶衣　衣锦鲤在头部有一块红斑者称之，有时也称为“衣丹顶”。

（7）丹顶写　写锦鲤在头部有一块红斑者称之，最好用绿水饲养。

(8) 黑丹顶银松叶　黑色的丹顶，加上整齐的松叶型斑纹布满全身，黑丹顶的位置在头部的中间为最佳，不宜到达颈部，前面也不能到达嘴唇，大小越大越好。需要定期投喂水蚤或给予洄水，最好用绿水饲养。

十三、中国观赏鲤

除了日本的知名锦鲤外，中国蓄养观赏鲤鱼的历史悠久，我国许多优良的野生鲤鱼品种同样具有美丽的花纹而成为人们赏析的观赏鲤。杭州西湖的著名旅游景点“花港观鱼”就起源于唐朝的长庆年间（公元 821—824 年），当时叫“鱼乐园”，顾名思义就是让鱼寻找快乐的园子，可以理解成人们赏鱼游戏的园地，是人们放生鲤鱼和赏鱼的好地方。长期以来，鱼乐园中一直放养着几万尾的红鲤鱼，当游人在观鱼池的曲桥上撒下饵料时或者游人们在击掌相呼时，鱼乐园里的几万尾红鲤鱼就会从四面八方集群游来，在争夺饵料时，它们会纷纷从水中跃起，雪红的鱼体会染红半个湖面，那场面真是蔚为壮观。我国可观赏和食用的优质鲤鱼有台湾地区培育的“龙凤锦鲤”，江西婺源的“荷包红鲤”、兴国县的“兴国红鲤”、万安县的“玻璃红鲤”，浙江龙泉的“瓯江彩鲤”，广西龙州的“龙州镜鲤”、玉林的“水仙芙蓉鲤”、桂林的“长鳍鲤”，广东梅州的“中华彩鲤”、梅州的“嘉应锦鲤”，河北怀来的“官厅红鲤”，湖北长阳的“清江红鲤”等，下面就简要介绍我国的几种观赏鲤。

1. 龙凤锦鲤

龙凤锦鲤最主要的特征就是龙头凤尾，这是龙凤锦鲤名字的由来。头较一般的锦鲤大，看上去就像中国传统的龙头一样，更重要的是它那四条鱼须长而威武，人们称之为“龙须”，各个鳍条宽而长，尤其是尾鳍更加长且飘逸，就像中国美丽的凤凰鸟的尾巴一样俊俏。龙凤锦鲤在水体中缓缓游动时，就好像是天上的神龙彩凤在空中翻腾，色彩十分鲜明生动，体态优雅俊逸，极具观赏价值。

2. 荷包红鲤

在婺源县原镇头乡游山村，居民千余户，有一条山溪穿村而过，溪内养着红鲤鱼，作为观赏鱼，形成“山青水绿鱼红”的特殊胜景。这种红鲤鱼就是荷包红鲤，它是短体形的品种，犹如荷包蛋，和金鱼中的蛋种金鱼很相似，故称荷包红鲤，当地群众则称之为“洛鲤”。荷包红鲤全身鳞被完整，排列整齐。根据其颜色可以分为两类，一类是全红色的，俗称“红鲤”；另一类是全红色而背部却有一块黑斑的，俗称“火烧鲤”。体形特别短，一般体长与体高之比在2.0～2.3之间；体形短的，则在2.3～2.5之间。经过江西大学生物学系和婺源荷包红鲤研究所协作的一代至六代选种育种试验，体形稳定在2.0～2.3之间。鳃耙数为20～26枚。荷包红鲤全长3厘米或3厘米以内的，主要以浮游动物为食；全长为3.1厘米及以上者，开始摄食商品饲料。幼鱼长到14厘米以上，其体形才算达到成鱼的体形。

3. 兴国红鲤

兴国红鲤是长体形的品种，全身为红黄色，原产地是江西省兴国县，故称为兴国红鲤。兴国红鲤全身鳞被完整，排列整齐。体长为体高的2.5～2.8倍。鳃耙数为18～20枚。生长快、抗病力强，生长速度比荷包红鲤快得多。产量高，颜色鲜艳，极富吉祥、幸福的美意，深受养鱼者的欢迎。它与荷包红鲤齐名，并称为江西的“二红”。此品种适应能力特别强，一般池塘都可以养，小水体中也可以养，在江西省的一些佛教寺院放生池中都有饲养。

4. 浙江红鲤

浙江红鲤也是长体形的品种，和兴国红鲤体色很相似，兴国红鲤为红黄色而浙江红鲤则是红色。原产地是浙江省吴兴县。此品种适应能力强、食性粗杂、抗病力强，适宜在池塘中饲养，也适应于小水体。颜色差异很大，作为观赏用应该挑选偏红色，或深红色的亲鱼。杭州的玉泉公园、宁波市天童禅寺放生池，以及江苏苏州园林的小河、小湖中都放养有浙江红鲤。

5. 芙蓉鲤

芙蓉鲤是分布于广西桂林桃花江以及海南岛山区激流河道内的一

种鲤鱼。体侧扁，各鳍特长，尾鳍分叉扩散成裙状，因为它的尾鳍长而漂亮，形似传说中的凤凰，故人们又称之为“凤鲤”。它的体色鲜艳多彩，除青黑色和红色的纯色品种外，还有大红、金黄和黑红相间的品种。

第三章

锦鲤的饵料

第一节　锦鲤饵料的成分

锦鲤的饲料，也就是通常所说的鱼食，可分为动物性饲料像草履虫、鸡蛋黄、轮虫、面包虫、蚯蚓、水蚤、线虫、小虾、血虫、羊肉、猪肝等，植物性饲料像菠菜、螺旋藻、芹菜、青苔、莴笋等，人工配制饲料像专用锦鲤增色饲料、颗粒状饲料等。无论喂什么食物，除考虑锦鲤是否爱吃之外，还应考虑食物的营养价值，因为鱼类需要合适的蛋白质、脂肪、碳水化合物、维生素和无机盐才能正常生长发育。

良好的锦鲤专用饲料具备哪些条件？这要从它的成分谈起。

（1）脂肪　是鱼体新陈代谢重要的能量来源之一，但是适量即可。饵料中的脂肪如果含量过多，长期蓄积在体内并大量沉积在鱼体内脏周围，造成过度肥胖就如同人类一般，过度肥胖会对健康产生不良的影响。选择饵料时脂肪含量在2%～8%为佳。

（2）糖类（碳水化合物）　是鱼体能量的主要来源，以人类的食物来比喻，就是我们每日必食的主食，如米饭、面食类，在锦鲤饲料中常用大麦、小麦或是更为高级的小麦胚等作为主原料，优良的饲料中粗灰分的比例在7%～13%。

（3）蛋白质　糖类是热量的来源，蛋白质就是构成身体的重要成分，肌肉、血液、内脏、皮肤、鳞片等都是由蛋白质所构成的，抵抗疾病的抗体其主要成分也是蛋白质，摄食的蛋白质成分不足鱼体会生长停滞。饵料中的蛋白质来源有大豆、糠虾、白鱼粉等，粗蛋白成分所占比例最好能达到25%～42%。

（4）矿物质　矿物质也是重要的营养元素之一，是鱼体内代谢作用的辅助因子，也具有稳定神经的作用，其中钙是骨骼的主要成分，鱼体是无法自行合成的。尤其在密闭式的水族箱中，矿物质的补充更显得重要，除了添加矿物质在饵料中之外，通过换水，将新水中的矿物质带入水族箱中是最好的方法，因为锦鲤对水中的矿物质吸收效率最高，所以常常换水对水族箱中矿物质的补充是很重要的。

（5）维生素　要欣赏到健康、漂亮的锦鲤，维生素是重要的促成因子，也是代谢作用的辅助因子，维生素可协助营养素的吸收、利用，促进生长。鱼体所需的维生素从饵料中而来，因此可在饲料中添加综合维生素，或利用含丰富维生素E的胚芽油。为了让维生素可在最佳时机被利用，尽量使用新鲜的饵料，勿将饲料放置过久，否则维生素会酸败变质。

（6）绿藻　要使锦鲤将身体色泽充分表现出来，饵料中添加适量绿藻、螺旋藻、糠虾等，再配合维生素、矿物质等的辅助，鱼体的色泽才会出落得亮丽动人。

（7）免疫配方　锦鲤的养殖过程中最怕出现的就是疾病，尤其在高密度的养殖条件之下，锦鲤容易因为活动空间紧迫造成抵抗力降低，并因此患病。针对这一点，高品质的人工饲料之中都会添加天然的免疫配方，这种天然的化合物可在短时间内恢复锦鲤的抵抗力，有效预防病毒、细菌、真菌的侵袭。当然，经常摄食天然活饵料对提高锦鲤免疫力也具有明显效果，因此在投喂时要注意天然饵料的及时供应和科学投喂。

在选购饲料时除了注意以上营养素的成分之外，浮水性的饵料较适合锦鲤，可以欣赏它们在水面争食的情形。选用适口性、品质佳的饵料，再适量地投喂，水质被污染的概率就可以降低一半以上。

第二节　锦鲤的植物性饵料

锦鲤对植物纤维的消化能力差，但是锦鲤的咽喉齿能够磨碎食物，植物纤维外壁破碎后，细胞质也可以被消化。常见的植物性饵料有芜萍、面条、面包和饭粒等。投喂前要仔细检查是否有害虫，必要时可用浓度较低的高锰酸钾溶液浸泡后再投喂，杜绝给锦鲤带入病菌和虫害。通常锦鲤喜食的植物性饵料很多，现分别叙述如下。

（1）浮游藻类　个体较小，是锦鲤苗种的良好饵料。锦鲤对硅藻、金藻和黄藻消化良好，对绿藻、甲藻也能够消化，而对裸藻、蓝藻不能够消化。浮游藻类生活在各种小水坑、池塘、沟渠、稻田、河流、湖泊、水库中，通常使水呈现黄绿色或深绿色，可用细密布网捞取喂养锦鲤。

（2）丝状藻类　俗称青苔，主要指绿藻门中的一些多细胞个体，通常呈深绿色或黄绿色。锦鲤通常不吃着生的丝状藻类，这些藻类往往硬而粗

糙。锦鲤喜欢吃漂浮的丝状藻类，如水绵、双星藻和转板藻等，这些藻体柔软、表面光滑。漂浮的丝状藻类生活在池塘、沟渠湖泊和河流的浅水处，各地都有分布。丝状藻类只能喂养个体较大的锦鲤。

(3) 芜萍　俗称无根萍、大球藻，是浮萍植物中体形最小的一种，也是种子植物中体形最小的种类。整个芜萍为椭圆形粒状叶体，没有根和茎，长 0.5～8 毫米，宽 0.3～1 毫米。芜萍是多年生漂浮植物，生长在小水塘、稻田、藕塘和静水沟渠等水体中。据测定，芜萍中蛋白质、脂肪含量较高，营养成分好，此外还含有维生素 C、维生素 B 以及微量元素钴等，用来饲养锦鲤，效果很好。

(4) 小浮萍　俗称青萍，也是多年生的漂浮植物。植物体为卵圆形叶状体，左右不对称，个体长 3～4 毫米，生有一条很长的细丝状根。小浮萍通常生长在稻田、藕塘和沟渠等静水水体中，可用来喂养个体较大的锦鲤。

(5) 紫背浮萍　紫色，无光泽，长 5～7 毫米，宽 4～4.5 毫米，有叶脉 7～9 条，小根 5～10 条，通常生长在稻田、藕塘、池塘和沟渠等静水水体中，它们不含微量元素钴，对锦鲤无促生长作用。

(6) 青菜叶　饲养中不能把菜叶作为锦鲤的主要饵料，只是适当地投喂绿色菜叶作为补充食料，以使锦鲤获得大量的维生素。锦鲤喜吃小白菜叶和莴苣叶，在投喂菜叶以前务必将其洗净，再在清水中浸泡半小时，以免菜叶沾有农药或药肥，引起锦鲤中毒。然后根据鱼体大小，将菜叶切成细条投喂。

(7) 菠菜　新鲜的菠菜洗净后用水焯一下，切碎后即可投喂锦鲤。菠菜含有大量的维生素，锦鲤的食物中应经常添加些菠菜，可以增强它们的体质。

(8) 豆腐　含植物性蛋白质，营养丰富。豆腐柔软，容易被锦鲤咬碎吞食，对大小锦鲤都适宜。但是在夏季高温季节应不喂或尽量少喂，以免剩余的豆腐碎屑腐烂分解，影响水质。

(9) 饭粒、面条　锦鲤能够消化吸收各种淀粉食物。可将干面条切断后用沸水浸泡到半熟或者煮沸后立即用冷水冲洗，洗去黏附的淀粉颗粒后投喂。饭粒也需用清水冲洗，洗去小的颗粒，然后投喂。

(10) 饼干、馒头、面包等　这类饵料可弄碎后直接投喂，投喂量宜少。它们与饭粒、面条一样，吃剩下的细颗粒和锦鲤吃后排出的粪便全都悬浮在水中，形成一种不沉淀的胶体颗粒，容易使水质浑浊，还容易引起低氧或缺氧现象。

第三节　锦鲤的动物性饵料

天然动物性饵料种类较多，适口性好，容易消化，含有鱼体所必需的各种营养物质，尤为锦鲤所喜食。常食用的有水蚤、剑水蚤、轮虫、原虫、水蚯蚓、孑孓以及鱼虾的碎肉、动物内脏、鱼粉、血粉、蛋黄和蚕蛹等。

（1）水蚤　水蚤俗称红虫、鱼虫，是甲壳动物中枝角类的总称。由于水蚤营养丰富、容易消化，而且其种类多、分布广、数量大、繁殖力强，被认为是锦鲤理想的天然动物性饵料。常见种类有大型水蚤、长刺蚤［图3-1(a)］、蚤状蚤［图3-1(b)］、裸腹蚤、隆线蚤等。水蚤主要生活在小溪流、池塘、湖泊和水库等静水水体中，在有些小河中数量较多，而在大江、大河中则较少。一年中水蚤以春季和秋季产量最高，溶氧低的小水坑、污水沟、池塘中的水蚤带红色；而湖泊、水库、江河中的水蚤身体透明，稍带淡绿色或灰黄色。锦鲤饲养者可以选择适当时间和地点进行捕捞，以满足锦鲤的营养需求。当水蚤丰盛时，可以用来制作水蚤干，作为秋、冬季和早春的饲料。

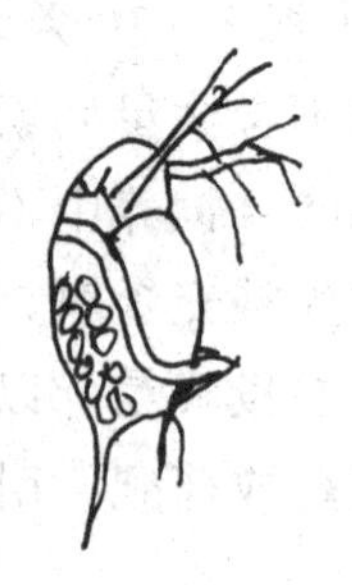
(a) 长刺蚤

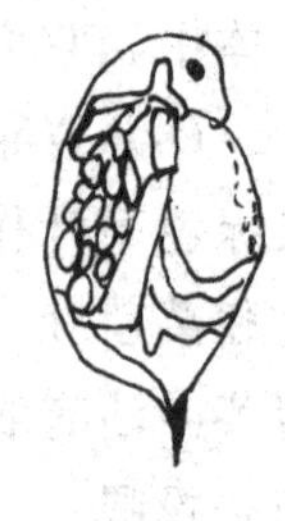
(b) 蚤状蚤

图 3-1　水蚤

（2）剑水蚤　俗称跳水蚤，有的地方又叫青蹦、三脚虫等，是对甲壳动物中桡足类的总称。桡足类的营养丰富，据分析，其蛋白质和脂肪的含量比水蚤还要高一些。但是剑水蚤作为饵料的缺点是它躲避鱼类捕食的能力很强，能够在水中连续跳动，并迅速改变方向，特别是幼鱼不容易吃到它。另外，某些桡足类品种还能够咬伤或噬食锦鲤的卵和鱼苗。因此，活的剑水蚤只能喂给较大规格的锦鲤。剑水蚤在一些池塘、小型湖泊中大量存在，也可以大量捞取晒干备用。

（3）原虫　又称为原生动物，是单细胞动物。种类也较多，分布广

泛。原虫中作为锦鲤天然饵料的主要是各种纤毛虫（如草履虫）及肉足虫。草履虫主要以吃水中的细菌为生，它是刚孵出仔鱼摄食的一种重要食物，是锦鲤苗的良好饵料，在各种水体中都有，尤其在污水中特别多，也可以用稻草浸出液大量培养草履虫来喂养锦鲤苗。

（4）轮虫　这种水生动物体形小、营养丰富、外表颜色为灰白色，有些地方又称其为“灰水”，是刚出膜不久的锦鲤苗的优良饵料。轮虫在淡水中分布很广，可在池塘、湖泊、水库、河流水体中捞取，也可以采取人工培养方法获得。

（5）水蚯蚓　俗称鳃丝蚓，它是环节动物中水生寡毛类的总称。它通常群集生活在小水坑、稻田、池塘和水沟底层的污泥中。水蚯蚓生活时通常身体一端钻入污泥中，另一端伸出在水中颤动，受惊后会立即缩入污泥中。身体呈红色或青灰色，它是锦鲤适口的优良饵料。捞取水蚯蚓要连同污泥一并带回，用水反复淘洗，逐条挑出，洗净虫体后投喂。若饲养得当，水蚯蚓可存活 1 周以上。

（6）孑孓　普通蚊类幼虫的通称。通常生活在稻田、池塘、水沟和水洼中，尤其春、夏季分布较多，经常群集在水面呼吸，受惊后立即下沉到水底层，隔一段时间又重新游近水面。孑孓是锦鲤喜食的饵料之一，要根据孑孓的大小来喂养锦鲤。孑孓通常用小网捞取，捞时动作要迅速，在投喂前要用清水洗净。

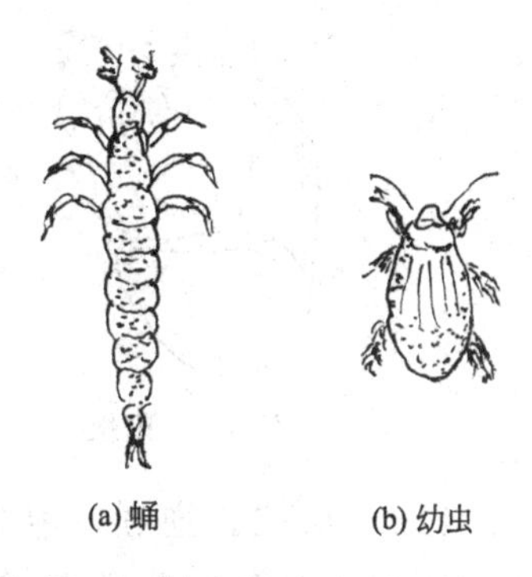
(a) 蛹　(b) 幼虫

图 3-2　摇蚊幼虫及其蛹

（7）血虫　摇蚊幼虫的总称，活体鲜红色，身体分节（图 3-2）。血虫生活在湖泊、水库、池塘和沟渠道等水体的底部，有时也游动到水表层。血虫营养丰富、容易消化，是锦鲤喜食的饵料之一。

（8）蚯蚓　蚯蚓的种类较多，一般都可作锦鲤的饵料，而适合锦鲤作为饵料的应为红蚯蚓（即赤子爱胜蚯蚓）。红蚯蚓个体不大、细小柔软，适合锦鲤吞食。红蚯蚓一般栖息于温暖潮湿的垃圾堆、牛棚、草堆底下，或造纸厂周围的废纸渣中以及厨房附近的下脚料里。每当下雨且土壤中相对湿度超过 80%时，蚯蚓便爬行到地面，此时可以收集。晴天可在土壤中挖取蚯蚓，先将挖出的蚯蚓放在容器内，洒些清水，经过 1 天后，让其将消化道中的泥土排泄干净，再洗净切成小段喂养锦鲤。

（9）蝇蛆　因个体柔嫩、营养丰富，可作为成鱼和肥育鱼体的饵料。投喂前需漂洗干净，减少其对养殖水缸、水质的污染。人工繁殖蝇蛆时需要严格控制数量，以防止对环境造成污染（图 3-3）。

图 3-3　蝇蛆

（10）蚕蛹　含丰富的蛋白质，营养价值较高，通常被磨成粉末后，直接投喂或者制成颗粒饲料投喂锦鲤。蚕蛹的脂肪含量较高，容易变质腐败，因此，在投喂前一定要注意质量。

（11）螺蚌肉　需除去外壳，通过淘洗、煮熟后切细或绞碎投喂锦鲤。大锦鲤消化能力强，这类饵料对大锦鲤的生长发育效果较好（图 3-4、图 3-5）。

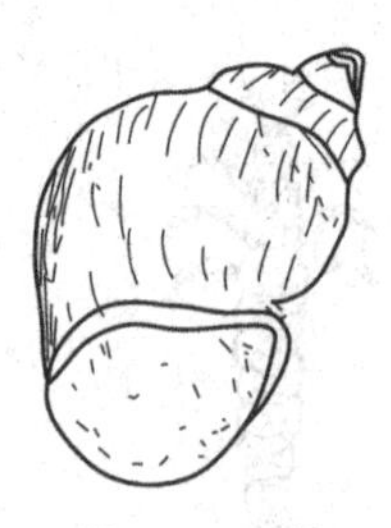

图 3-4　田螺

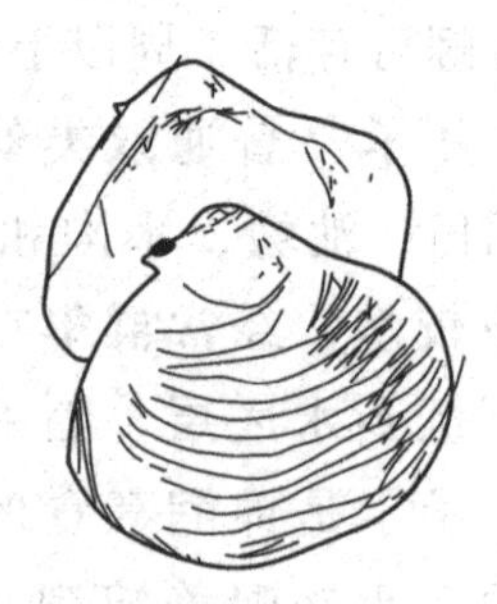

图 3-5　蚬贝

（12）血块、血粉　新鲜的猪血、牛血、鸡血和鸭血等都可以煮熟后晒干，制成颗粒饲料喂养锦鲤。此类饵料的营养价值很高，如将其制成粉剂，与小麦粉或大麦粉混合制成颗粒饵料喂养锦鲤，则效果更好。

（13）鱼、虾肉　不论哪种鱼、虾肉都可以作为锦鲤的饵料，它们营养丰富且易于消化。但是鱼需煮熟剔骨后投喂，虾肉须撕碎后投喂。若将鱼、虾肉混掺部分面粉，经蒸煮后制成颗粒饲料投喂则更为理想。

（14）蛋黄　煮熟的鸡、鸭蛋黄，均是锦鲤喜爱且营养丰富的饵料。用鸡、鸭蛋黄与面粉混合制成颗粒状饵料喂养锦鲤效果很好。对刚孵化出的鱼苗，在原虫、轮虫短缺时一般均用蛋黄代替。一个蛋黄 1 次可喂锦鲤苗 20 万～25 万尾。具体做法是把蛋黄包在细纱布内，放在缸的水表层揉洗，使蛋黄颗粒均匀，投喂时须严格控制蛋黄的量。

第四节 锦鲤的人工配合饲料

发展锦鲤养殖业，光靠天然饵料是不行的，除开展人工培养鱼虫外，必须发展人工配合饵料以满足养殖要求。锦鲤的人工配合颗粒饵料，要求营养成分齐全，主要成分应包括蛋白质、糖类、脂肪、矿物质和维生素五大类。

一、锦鲤的营养特点

锦鲤是高级观赏动物，其营养需求与摄食特点使其对饲料有更高的要求，主要表现在：一是对饲料适口性的要求更高；二是对饲料黏合性要求更高；三是对饲料的粉碎粒度要求更高；四是对蛋白质和脂肪含量的要求更高。

二、配合饲料的原料及功用

锦鲤的营养需要主要是蛋白质、脂肪、糖类、维生素和矿物质五大类。饲料是营养的体现，锦鲤的营养需要是通过全价配合饲料来实现的。目前锦鲤饲料主要有三类：鲜活料，包括活鱼、冰鲜鱼、猪肝、屠宰下脚料等；混合饲料，锦鲤配合饲料以不同比例加冰鲜鱼后做成的饲料；配合饲料，分为全价配合饲料和不全价配合饲料。由于鲜活料来源有限，且容易腐败变质，因此常用全价人工配合饲料作为主要饲料。

由于受饲料蛋白的种类、锦鲤生长发育阶段等因素的影响，蛋白质对锦鲤的最适含量是一个非常复杂的问题。不同蛋白质的营养价值，由于氨基酸的组成不同以及可消化程度的不同而有很大差异。一般认为，锦鲤稚鱼阶段蛋白质含量不低于40%；锦鲤幼鱼阶段蛋白质含量不低于35%；商品锦鲤阶段的蛋白质含量不低于30%；亲本锦鲤的蛋白质含量不低于32%。脂肪的主要作用是提供能量、节约蛋白质，同时脂肪是脂溶性维生素（维生素A、维生素D、维生素E、维生素K）的载体，并促进这些维生素的吸收和利用，因此，在饲料加工时必须添加脂肪。一般情况下，锦鲤稚鱼饲料中需添加不超过4%的植物油脂，成年锦鲤饲料中添加量不应超过8%，添加适当的脂肪含量，不仅改善了锦鲤饲料的适口性，也提高了饲料的利用率。糖类作为主要能源物质，也具有节约蛋白质的功能，并参与锦鲤成鱼鱼体组织的形成。锦鲤是肉食性鱼类，对蛋白质的要求很高，对糖类的需求较少，饲料中添加α-淀粉的范围在20%～25%，另外，糖类还可作为黏合剂来使用。饲料中维生素与矿物质含量较小，但却必不可少。维生素是维持锦鲤正常生理功能所必需的一类生物活性物质，对维持鱼体正常生长发育和提高抗病能力有着重要作用，绝大多数维生素是酶的基本成分，参与调节体内的新陈代谢。维生素一般在体内不能合成，必须由食物供给，若缺乏某种维生素，将会导致代谢紊乱、机体失调、生长迟缓，严重者引起死亡。为了补充维生素，在饲料中可添加复合维生素制剂，投喂一定数量的鲜活饵料以满足锦鲤对维生素的需要。饲料成分中，矿物质构成骨骼和其他细胞组织，参与体液渗透压和氢离子浓度的调节，并且是锦鲤体内酶系统的成分或催化剂。矿物质在锦鲤体内各营养成分中所占比例较大，约为21.17%，饲料中如果缺少某些矿物质，锦鲤便会产生代谢障碍或缺乏症。因而，在设计饲料配方时，添加肉骨粉、混合矿物质等，对锦鲤的生长有促进作用。

以上这些营养成分都是从饲料中获得，因此在配合饲料中添加原料，确保营养成分的充足供应和合理搭配是十分重要的。表3-1是锦鲤饲料的主要原料及功用。

表3-1 锦鲤配合饲料中的主要原料及功用

名称	功用
鱼粉	是主要的饲料蛋白原料,提供鱼类所必需的蛋白质和氨基酸
酵母	优质动物蛋白质,含丰富的维生素及促生长因子
α-淀粉	维持饲料的稳定性并提供能量
预混饲料	提供维生素、钙、磷和微量元素,均衡饲料营养
牛肝粉	提供限制性氨基酸、丰富的维生素及提高饲料的引诱性
乌贼内脏粉	增加适口性、提供胆固醇
磷脂	是形成细胞膜和维持新陈代谢的必需物质
贻贝粉	提供限制性氨基酸、促生长因子,提高适口性
血粉	提供限制性氨基酸,提高饲料的引诱性

续表

名称	功用
全脂大豆粉	最佳植物蛋白，提供必需氨基酸
全脂奶粉	提供产蛋锦鲤所需全价营养
全蛋粉	提供产蛋锦鲤所需全价营养
海水鱼油	提供必须脂肪酸、能量，是强引诱剂
抗氧化剂	防止饲料中脂肪的氧化，节约维生素E和维生素C

三、锦鲤饲料的加工工艺

(一) 配方设计

锦鲤全价配合饲料的配方是根据锦鲤的营养需求而设计的，同时根据锦鲤的生理特性及各种原料的主要特点，在配方设计过程中应考虑动植物蛋白的比例不低于3∶1，蛋白饲料与能量饲料的比例应在7∶1，钙磷比例在1∶(1.5～2)。掌握了这些基本参数，就可以设计出一套合理的锦鲤全价饲料配方，下面列出几种配方仅供参考。

锦鲤稚鱼：①鱼粉70%、豆粕6%、酵母3%、α-淀粉17%、矿物质1%、其他添加剂3%；②鱼粉77%、啤酒酵母2%、α-淀粉18%、血粉1%、复合维生素1%、矿物质添加剂1%。

锦鲤幼鱼：①鱼粉70%、蚕蛹粉5%、血粉1%、啤酒酵母2%、α-淀粉20%、复合维生素1%、矿物质1%；②鱼粉20%、血粉5%、大豆饼25%、玉米淀粉23%、小麦粉25%、生长素1%、矿物质添加剂1%。

大锦鲤：①鱼粉60%、α-淀粉22%、大豆蛋白6%、啤酒酵母3%、引诱剂3.1%、维生素添加剂2%、矿物质添加剂3%、食盐0.9%；②鱼粉65%、α-淀粉22%、大豆蛋白4.4%、啤酒酵母3%、活性小麦筋粉2%、氯化胆碱（含量为50%）0.3%、维生素添加剂1%、矿物质添加剂2.3%；③肝粉100克、麦片120克、绿紫菜15克、酵母15克、15%虫胶适量；④干水丝蚓15%、干孑孓10%、干壳类10%、干牛肝10%、四环素族抗生素18%、脱脂乳粉23%、藻酸苏打3%、黄蓍胶2%、明胶2%、阿拉伯胶2%、其他5%。

（二）加工设备

锦鲤配合饲料的加工需要有以下几种设备：清杂设备、粉碎机组、混合机械、制粒成型设备、烘干设备、高压喷油设备等。

（三）工艺流程

从目前国内锦鲤饲料加工情况来看，其工艺大致相同，主要有以下几个流程：原料清理→配料→第一次混合→超微粉碎→筛分→加入添加剂和油脂→第二次混合→粉状配合饲料或颗粒配合饲料→喷油、烘干→包装、储藏。

① 原料清理：主要是清理原料中的各种杂质，包括麻绳、铁钉、石块、砂砾等，清理方法可根据设备具体而定。

② 配料：严格按配方设计的比例，根据一次加工量的多少，准确称取各所需原料的量，进行精确配料。

③ 粉碎：饲料粉碎是配合饲料加工的重要工序，由于锦鲤对饲料原料的粉碎粒度要求很高，必须采用优良的粉碎机组，一般由立式无筛型超微粉碎机和气流分级机配合构成。锦鲤饲料原料应80%通过100目分析筛，而且物料被粉碎时温度不能太高，否则饲料的营养成分会受到破坏。原料经粉碎后，使饲料暴露的表面积增大，以利锦鲤的消化和吸收，提高饲料的混合性及颗粒成型的能力，并直接影响配合饲料的颗粒在水中的稳定性。一般来说，原料粉碎越细，锦鲤对饲料的消化率就越高，饲料在水中的稳定性就越好，但加工成本越高，因此，只要粉碎粒度达到质量标准的要求就可以了。

④ 混合：在饲料加工工艺中，混合直接影响着饲料质量的好坏。在锦鲤配合饲料生产过程中一般要经过两道混合工序。第一道混合工序，是在超微粉碎以前对各种主要原料混合，此次混合俗称“粗混合”，对其混合的均匀度的要求不高。第二次混合是在饲料添加剂加入后的混合，此次混合不需要进行超微粉碎，俗称为“精混合”，对其混合均匀度的要求高，经过此次混合要使配方中的各种原料充分混合均匀。

⑤ 制粒：锦鲤颗粒饲料分为三种，即软颗粒饲料、硬颗粒饲料和漂浮膨化饲料。最早采用的是硬颗粒饲料，质量最好、最高级的是膨化饲料。而目前适口性较好、应用较多的是软颗粒饲料，其方法是将粉状配合

饲料按料水比为1∶1.1或1∶1.2的比例调配，搅拌均匀制成柔软且富有弹性的面团状饲料，然后用软颗粒机制成颗粒饲料。锦鲤配合饲料需要添加一定的油脂，由于油脂中所含的大量不饱和脂肪酸易氧化变质，所以要在加工过程中直接添加，且添加要均匀，可以用高压喷油设备以雾状形态加入，以保证良好的混合。

⑥ 包装、储藏：加工后的配合饲料经过滤筛先除去碎渣和粉末，就可以包装后储藏或直接饲用。储藏要注意通风、防潮避光，必要时在饲料生产时加入适量的抗氧化剂和防霉剂。

四、锦鲤饲料的质量评定

由于锦鲤全价配合饲料没有统一标准，我们很难对锦鲤配合料进行全面正确的评价，因此仅以部分企业间的行业标准进行定性评价。

① 感官：要色泽一致，无发霉变质、结块和异味，除具有鱼粉香味外，还具有强烈的鱼腥味。

② 脂肪：由于锦鲤的营养需求对脂肪的要求较高，所以锦鲤饲料需要添加大量油脂。锦鲤消化1克动物蛋白质只能产生4千卡左右的能量，而消化1克脂肪可产生8千卡左右的能量，锦鲤对脂肪的消化率在90%左右，而对蛋白质的消化率在70%～80%，因此使用脂肪供给锦鲤能量更经济、更有效，饲料中脂肪的有效成分及添加量往往成为评价饲料的重要理化指标。

③ 饲料粒度：锦鲤饲料粒度较细，一般在60～80目之间。但由于饲料中含较多的油脂，细小颗粒互相粘连，则显得粒度比较粗。一般而言，锦鲤稚鱼粉状料要求80%通过100目分析筛；锦鲤幼鱼料要求80%过80目分析筛；锦鲤成鱼料和锦鲤亲鱼料要求80%通过60目分析筛。

④ 黏合性：指饲料在水中的稳定性，锦鲤料投喂时，良好的黏合性可以保证饲料在水中不易散失。其中需要注意的是黏合性越强，α-淀粉含量就越高，但锦鲤对α-淀粉的利用率较低，过多的α-淀粉会包被饲料颗粒，影响锦鲤对饲料的消化吸收，同时，在食台投喂的锦鲤料由于黏合性过强，会被锦鲤拖入水中，造成浪费与水体污染。因此，加工制成面团状或软颗粒饲料在水中的稳定性要求是，锦鲤稚鱼料保证3小时不溃散或在水体中保形3小时，锦鲤幼鱼料保证2.5小时不溃散或保形2.5小时，锦

鲤成鱼料与锦鲤亲鱼料保证 2 小时不溃散或保形 2 小时为良好。

⑤ 其他：水分不高于 10%，适口性良好，具有一定的弹性。

五、饲料的合理配比

营养丰富的饵料是保证锦鲤生长、发育所必需的物质基础，根据锦鲤在不同生长阶段对营养成分的需要，适时调整饵料的种类和数量，保持饵料的常年稳定供应，可确保培养出健壮活泼、色泽鲜艳、体态优美的锦鲤来。

锦鲤是以动物性饵料为主的杂食性鱼类，究竟植物性饵料在饲养中占有多大比例才适宜，动物、植物性饵料的合理配比是多少，有人通过自己的长期试验得出的结论是：动物性饵料占 70%～80%，植物性饵料只能占 20%～30%，按此比例制作的饵料喂养的锦鲤生长快、体质好、疾病少、发育好，能够正常繁殖后代。若植物性饵料所占比例过大，尤其是面条、米饭、面包等投喂过多，锦鲤就会出现生长缓慢、颜色不鲜艳、性腺发育不良、产卵量减少，严重者还可能导致完全不育。

第五节　天然饵料的培育

一、天然饵料的捕捞与储存

1. 鱼虫的捕捞与储存

鱼虫（浮游动物）大量生长于城市郊区、村镇附近的肥水坑塘、河沟中。春天气温上升到 10℃以上时，鱼虫开始繁殖，当气温上升到 18℃以上时，鱼虫大量繁殖生长。从春到夏，环境条件好，鱼虫繁殖很快，形成庞大的群体。其数量的增长，与季节、气候、水温、光照以及水中营养物质的含量等因素有密切关系，有经验的养殖者都能掌握和运用这些自然规律，选择适当的时间和地点进行捕捞而获得满足锦鲤生产所需的大量的鱼虫。

鱼虫繁殖生长的季节性特别明显。早春季节，水体中主要生长桡足类，到晚春季节，枝角类开始大量繁殖。进入夏季以后，水温升高较快，轮虫和枝角类逐渐占优势，较易捞取。夏季阵雨过后，从农村路边荒地的积水坑中和城市路边的积水小坑中，经常能见到鱼虫旺发的情景。可到坑塘、湖淀等处捕捞大量的鱼虫，经晒干加工之后，作为家庭养殖锦鲤的饵料，也可作为商品出售。夏季也是锦鲤生产的旺季，对饲养锦鲤十分有利。至秋季，秋雨连绵，气温渐渐下降，这些天然饵料品种也渐减，产量随之下降。冬季破冰捕捞，只能捞取到少量的桡足类。

鱼虫除上述季节性的数量变动规律外，还有昼降夜升的活动规律。每当夜幕降临，它们从深水层移向水表层，密密麻麻地熙来攘去，到黎明日出，又逐渐回到深水层去。鱼虫这种日落上升、日出而潜的习性十分明显，因此要在黎明前赶赴坑塘、湖淀等处，才能获得丰收。

无论是哪种天然饵料，捞回来都必须清洗干净后才能喂鱼，以免将天然水域中的敌害生物和致病细菌带入鱼池，污染水体而危害锦鲤。清洗的办法是：将捞回的鱼虫，立即倒入事先盛有清水的大鱼缸中，接着用大布兜子再将鱼虫捞至另一个盛有清水的鱼缸内，如此反复 3～4 次。待将所有和鱼虫混杂在一起的污泥浊水清洗干净，鱼虫的颜色也由刚捞回时的酱紫色变为鲜红色时，才可以用来喂鱼。将鱼虫从一盆捞至另一盆时，刚开始鱼虫密度大，应用大布兜子，以后鱼虫数量渐少，则改用小布兜子操作。过滤清洗鱼虫时，要把活鱼虫和死鱼虫分开，即注意死、活鱼虫的分层现象，因绝大部分活鱼虫浮游在水的表层，而死鱼虫则沉在缸底。第一次清洗鱼虫时，便要将死、活鱼虫分开，并且分别清洗干净，刚死的鱼虫尚未变质，可以及时喂养锦鲤。

在春末锦鲤繁殖时期，可将冲洗鱼虫滤下的水集中在一个容器内，静置片刻后，便会有轮虫泛至表层，可用细布网捞起，喂养幼鱼。

2. 水蚯蚓的捕捞与储存

水蚯蚓繁殖的季节变化，不像鱼虫那样明显。捞取水蚯蚓时要带泥团一起挖回，装满桶后，需要取蚓时，盖紧桶盖，几小时后，打开桶盖，可见水蚯蚓浮集在泥浆表面。捞取的水蚯蚓要用清水洗净后才能喂鱼。在春、秋、冬三季水蚯蚓的保质期为 1 周左右。取出的水蚯蚓在保质期间，需每天换水 2～3 次。保质期内如发现虫体颜色变浅且相互分离不成团，蠕动又显著减弱时，表示水中缺氧，虫体体质减弱，有很快死亡腐烂的危险，应立即换水抢救。在炎热的夏季，保存水蚯蚓的浅水器皿应放在自来水龙头下用小股流水不断冲洗，才能保存较长时间。

3. 螺类的捕捞与投喂方式

螺类的生命力很强，入冬前可到沟渠、坑塘水草丛处捞取。将捞取的螺存放在水中，除去死螺。螺的种类很多，有的螺食藻类，有的螺食菜叶，注意适当给食。喂水族箱或生态缸中的锦鲤时，破壳取出螺肉，洗净切碎后投喂。如果投喂公园锦鲤池、庭院观赏池或在土池中养殖的锦鲤时，只要投喂鲜活的螺类即可。

二、活饵的人工培养

为保证活饵能常年稳定供应，或遇到某些特殊情况，天然饵料供应不足时，可采用人工培养活饵的方法来弥补，其种类和方法有：

1. 草履虫等原虫的培养

原虫个体较小，一般肉眼难以看见。有的种类，虽肉眼可见，但也分辨不清其外部形态。但它们均是喂养锦鲤苗种的好饵料。其培育方法均比较简便，规模可大可小，视需要决定规模。

(1) 草履虫的培养　草履虫习性喜光，一般生活在湖泊、坑塘里，在腐殖质丰富的场所及干草浸出液中繁殖尤为旺盛。适宜温度为22～28℃。一种培养方法是，取池水置于玻璃培养缸中，如果水层中有颗颗游动的小白点，即表示其存在。草履虫大量繁殖时，在水层中呈灰白色云雾状飘动或回荡，故这种状态的水又称“洄水”，培养时取洄水作种源。另一种方法是取稻草绳约70厘米长，整段剪成若干小段置于玻璃缸中，再加水约5000毫升，移入少量种源，而后将玻璃缸置于光照比较足的地方。在水温22～28℃的水体中培养6～7天时，草履虫已繁殖极多，繁殖数量达顶峰时，如不及时捞取，次日便会大部分死亡，故一定要每天捞取，捞取量以1/3～1/2为宜。捞取的同时补充培养液，即添加新水和稻草，如此连续培养、连续捞取，就可不断地提供活饵料。

(2) 变形虫的培养　变形虫喜生活在水质比较清的水池或在水流缓

慢、藻类较多的浅水中，有时附着在浸没于水中或泥底的腐烂植物上，或浮在水面的泡沫上。取池底表面的泥土或腐烂的有机物带水采回放入瓶中，静置约24小时，培养时取此种源。变形虫生活的最适温度是18～22℃，春秋两季最易采集到。变形虫体形较大，肉眼可见一白点，可利用其在饱食时，突然受振而会牢固地附着在物体上的特性把它分离出来作为种源。其方法是取含变形虫的培养液滴于玻璃片上，虫体就会牢牢附于玻片上，然后用凉水慢慢冲洗玻片上的培养液约10秒，这样连做数片作为种源，连同玻片一起放入培养液中，经几天培养，即可获得大量的、较纯的变形虫。

2. 轮虫的培养

多数轮虫个体很小，是喂养鱼苗的好饵料。培养时水温宜控制在18～24℃，用水体施肥的方法，先繁殖浮游藻类和小型原生动物作为轮虫的食物。施肥的方法是：以每立方米水体用硝酸铵20～30克、人粪尿5～10克的比例配成混合肥料作基肥一次投入水池，待藻类繁殖起来再放入种源，培养10天左右即可收获。在培养过程中，一般每隔4～5天追施有机肥1次。轮虫分布很广，坑塘、河流、湖泊和水库等处均可见到，故培养轮虫的种源，仍可采取从泗水中分离的办法，即取泗水若干毫升放入玻璃皿中，先用吸管吸去大型蚤类，然后放在显微镜下，利用轮虫趋光的习性，再用细吸管把轮虫逐个分离出来，先在较小的容器中培养，待有一定量时再放繁殖池中大量培养。

3. 枝角类的培养

这是鱼虫的代表种类，有20～30种之多，它们都是锦鲤喜食的最好饵料。枝角类主要营单性生殖，也称孤雌生殖，只有在环境条件恶劣时，才进行有性生殖。故一年中有性生殖出现的次数不多。每个枝角类成虫一生可产卵约10次，每次产卵100粒左右，总共可达千余粒，所以如果培养得法，产量还是很高的。枝角类繁殖的最适温度是18～25℃。

（1）小规模培养　一般家庭养鱼可用养鱼盆、花盆及玻璃缸等作为增养器皿。如用直径85厘米的养鱼盆，先在盆底铺厚6～7厘米的肥土，注入自来水至八成满，再把培养盆放在温度适宜又有光照的地方，使菌、藻类大量繁殖，然后取枝角类2～3克作种源，经数日即可繁殖后代。其产量视水温和营养条件而有高有低。当水温为16～19℃时，经5～6天即可捞取枝角类10～15克。培养过程中，培养液肥度降低时，可用豆浆、淘米水、尿肥等进行追肥。另外，也可用养鱼池里换出来的老水作培养液，因这种水内含有各种藻类，都是枝角类的好食料，故培养效果较好，但水中的藻类不能太多，太多反而不利于枝角类取食。

(2) 大规模培养　适用于锦鲤养殖场，因为生产商品性锦鲤时，需要枝角类的数量较大，宜用土池和水泥池大规模培养。面积大小视需要决定，但池子的深度要达1米左右。注水七八成满，加入预先用青草、人畜粪堆积发酵的腐熟肥料，按每667米^{2}水面500千克的量施肥，使菌类和单细胞藻类大量孳生。然后投入枝角类成虫作种源，经3～5天培养，待见到有大量鱼虫繁殖起来，即可捞虫喂鱼。捞取鱼虫后应及时添加新水，同时再施追肥一次，如此继续培养、陆续捞取。

4. 螺旋藻的培养

螺旋藻约30种，是个体较大的种类，在人工养殖条件下，每667米^{2}水面可年产1500多千克。螺旋藻中蛋白质、脂肪、维生素的含量均较高，含有鱼类所必需的氨基酸，用其干粉加入人工合成饵料喂鱼，可加快鱼的生长速度，提高繁殖能力，使鱼体色泽艳丽。

(1) 室内培养　用磷肥∶生石灰∶牛粪∶塘泥∶井水＝0.1∶0.1∶1∶100∶1000的比例配制培育液，放入内径30厘米、深20厘米的圆形玻璃水槽内，再将水槽放入能进入自然光的玻璃橱内。水槽上装有40瓦日光灯管2根，距液面约20厘米。待培养液的温度接近于藻体液温度时再放入藻种，每槽放入每毫升含30万～50万个藻体的藻体液40～50毫升，使槽内的浓度为每升含300万个左右的藻体为宜。培养槽水温为24～28℃，一般经5～7天培养即可收获。藻液收获量相当于表面水的1/3～2/3（60～120毫升），然后加入与收获量相等的水。一般每槽收获了3～5次后，即应换槽配新的培养液重新培养。

配制培养液的塘泥，以含水量在20％～40％的黑塘泥为好，并要求选择清塘彻底、水源干净的塘泥。同时注意在采集、注水、接种、收获过程中避免污染，以防带入有碍藻体繁殖的生物，一旦发现，应及时清除。

(2) 室外培养　用池塘培养时，先排干池水，每667米^{2}用生石灰75千克左右清塘。然后再将750千克牛粪均匀地撒在池底，塘泥要撒匀，再

注入新水约达 0.5 米深。待水温稳定在 20℃以上，即可投放种源。经 7～10 天，即出现螺旋藻水花，到大量形成时，水花则呈翠色絮状。

培养池开始投入种源时，水位宜浅，水温易提高，一般 0.5 米深即可。待水花形成后，再注水加深水位。并按加入的水量补充肥料，施基肥时要一次施足，用量按 0.5 米的水深计算。

螺旋藻繁殖盛期，在烈日下死亡很快，死藻体分解耗氧及其产物影响水质，也会引起鱼类浮头，此时应及时排除旧藻体，并注入新水来解救。大量浮游动物或其他藻体生长时，应及时捞出，以免影响螺旋藻的生长。

第六节 饲料的科学投喂

由于锦鲤的品种不同、规格不同以及养殖环境和管理条件的变化，需要采用不同的投喂方式。饲养时必须根据锦鲤的大小、种类考虑饲料的特性，如来源（活饵或人工配合饲料）、颗粒规格、组成、密度和适口性等。而投喂量、投喂次数对鱼的生长和饲料利用率有重要影响。此外，使用的饲料类型（浮性或沉性、颗粒或团状等）以及饲喂方法要根据具体条件而定。可以说，投喂方式与满足饲料的营养要求同样重要。

一、开食时机及饵料种类

刚孵出的仔鱼以卵黄为营养源，2 天后，卵黄囊消失，仔鱼开始完全摄取外源性营养物质。对于人工配合饲料，锦鲤仔鱼开口时即可摄食，但其最主要的饵料则是浮游动物、水蚯蚓等活饵料，对人工饲料有一个适应过程，在此期间用水蚯蚓及配合饲料混合投喂效果最好。大约 30 天后，鱼苗对人工配合饲料的接受能力增强，开始大量摄食人工配合饲料，这一时期的鱼苗即可进行人工配合饲料强化转食。

二、配合饲料的规格

颗粒饲料具有较高的稳定性，可减少饲料对水质的污染。此外，投喂

颗粒饲料时，便于具体观察鱼的摄食情况，灵活掌握投喂量，可以避免饲料的浪费。最佳饲料颗粒规格随鱼体增长而增大，不能超过鱼口径。

三、投饲方法

投饲方法包括人工手撒投饲、饲料台投饲和投饲机投饲。给予饲料最好“定时、定位、定质、定量”。如选择靠近房屋的固定场所，在固定时间投喂，这样锦鲤形成习惯之后，只要听到主人的脚步声，即会自动群集索食。也可用音乐训练锦鲤，每次喂食前放一段音乐，待锦鲤形成条件反射，即会集中在固定场所。人工手撒投饲的方法费时费力，但可详细观察鱼的摄食情况，池塘养鱼还可通过人工手撒投饲驯养鱼抢食。饲料台投饲可用于摄食较缓慢的鱼类，将饵料做成面团状，放置于饲料台让鱼自行摄食，一般要求饲料有良好的耐水性。投饲机投饲则是将饲料制成颗粒状，按一天总量分几次用投饲机自动投饲，要求准确掌握每日摄食量，防止浪费，该方法省时省力。

常用饲料有上浮性及沉降性两种。喂食上浮性的饲料能观赏到鱼群争食的情景，可以增加饲喂锦鲤的乐趣。锦鲤易于驯服，可训练其从主人手中取食，有人将饲料含在嘴上让鱼来取食，或用奶瓶让鱼吸吮，更有人将鱼抱起，在空中喂食。可谓花样百出，兴趣盎然。

四、投饲次数

投饲次数又称投饲频率，是指在确定日投饲量后，将饲料分几次投放到养殖水体中。由于锦鲤没有胃，因此无法一次摄取大量食物，所以要使锦鲤快速生长，则给饵法以少量多次效果较佳。很多初学养鲤者往往因饲养数量过多而池水管理不良，加之给饵量太多导致水体缺氧而使鲤死亡。适宜的投饲次数为鱼苗 6～8 次，鱼种 2～5 次，成鱼 1～2 次。一般来说，成鱼以上午 10 时、下午 3 时左右给饵，晚上不给饵为佳。

五、投喂量

锦鲤的投饵量以八分饱即大鱼 30 分钟吃完，小鱼 5 分钟吃完为度。

根据鱼池构造、水温、鱼体大小、数量等给饵，一般数日即可知道鱼儿需要量。但如鱼体健康欠佳（尤其是患有寄生虫，如鱼蚤或锚虫等）、天气异常及水温骤低时，鱼的食欲会降低，故须根据其摄食状况斟酌增减。夏天气温高时锦鲤食欲最盛，在冬季则少食或不食，应根据不同的环境因素来决定给饵量。但重要的一点，即注意池内不能有剩余饲料，完全根据鱼的需要决定投喂量。最近崇尚巨鲤之风，为育成巨鲤，就必须多喂饵，惟一的方法是少量多餐，这就要注意水质好坏及鱼体健康而谨慎处理。

六、投饲场所

池塘养鱼食场应选择在向阳、池底无淤泥的地方，水深应在0.8～1.0米之间。

七、驯食

锦鲤的驯食就是训练锦鲤养成成群到食台摄食配合饲料的习惯。驯食可以提高人工饲料的利用率，增加锦鲤的摄食强度，使成鱼的捕捞、鱼病防治工作更加简单有效。如果池塘投放的锦鲤规格较大，在苗种阶段进行过驯食，投放后再进行驯食比较容易；如果投放的锦鲤规格较小，苗种阶段可能没有进行过驯食，应尽早训练。

对锦鲤进行驯食的方法很多，现介绍一种简单有效的方法。当锦鲤体长达到5厘米时，每天傍晚时分，将新鲜的鱼虾肉浆投放到饲料台，待锦鲤吃食后，再拌和部分颗粒饲料，这样连续10天左右，驯食即可获得成功。

八、注意要点

锦鲤的食性很广、较杂，但要做到真正掌握其食性特点，保质保量地把锦鲤养好还是不容易的，必须强调几点：

① 鱼类在不同生长发育阶段的生理要求不同，因而对饵料成分的要求也有不同，必须根据锦鲤生长需要，适当调节饵料中蛋白质的比例，保证饵料质量。

② 锦鲤越冬，水温在2℃以上时，还能吃食，可适当投饵；水温若在1℃下时，几乎不吃食，不投饵。

③ 锦鲤要有鲜丽的色彩，才具有较高的观赏价值。故锦鲤饲养要强调在“老水”（指已养过一个时期锦鲤的澄清而颜色油绿的水）中养锦鲤，因为老水中天然饵料种类多、营养成分齐全，有利于锦鲤体内各种色素颗粒的形成和积累。

④ 切忌长期投喂同一种饲料，要适时适当地调整饲料的种类和数量，促使锦鲤生长和正常发育。

第四章

锦鲤的养殖技术

第一节　养殖用水和养殖容器

锦鲤是活的动物，它需要良好的水质条件，水对它来说就跟空气对人一样，所以保持良好的水质是养鲤成功的第一要素。饲养、繁殖锦鲤的水实际上是一种溶液，虽然从外表看起来它是清澈透明的，但是在其中却溶解有很多种可溶性盐类，如果这些可溶性盐类中的钙、镁等盐的比例较大，则水的硬度较高，这样的水就叫作硬水；如果水中的钙镁离子含量较低，则水的硬度也较低。另一方面，锦鲤在人工饲养中，排泄出来的粪便和它未吃净的食物在水中分解产生一些有害物质，这些有害物质在水中慢慢积聚达到一定的数量势必影响锦鲤的生长和繁殖。为了保证锦鲤的正常生长和发育，必须做好水的管理工作，定期给锦鲤换水。

一、水的种类

养殖锦鲤可选择地表水，如江河、湖泊等天然水；地下水，如井水、泉水；自来水等，为了促进锦鲤的颜色鲜艳且富含光泽，就必须调整水质至理想状态。理想的水质要求pH值7.2～7.4，铁离子、氯离子和硫酸根离子等含量少，溶氧充足，硬度低等。

（1）地表水　水中溶氧丰富，有大量的浮游生物作为锦鲤的饵料，养出的锦鲤色彩比较鲜艳。但存在杂质较多、混浊、水质极易变质的不足，使用前必须经过生化过滤处理。

（2）地下水　富含重金属离子，水的硬度较大，浮游生物不多，溶氧较低，要经过日晒升温以及暴气后方可用于养殖锦鲤。

（3）自来水　据不完全统计，自来水是目前我国饲养锦鲤的主要用水之一。自来水是经过处理的水，水质比较清洁，含杂质少，细菌和寄生虫也少，来源方便。我国绝大多数的自来水水厂在净化自来水时，都要使用氯气、漂白粉或明矾等化学药剂，水中残留的氯气以溶解氯的形式存在于自来水中，对锦鲤来说是一种毒性很强的物质。实验表明，如果将锦鲤放在含溶解氯较高的水中特别容易导致鳃黏膜损伤、鳃部充血，严重时会导

致锦鲤死亡，因此不经过除氯处理的自来水不要直接使用。常用暴气法将水中残留的氯气去除，方法是将自来水置于空盆或池中，暴晒沉淀 2～3 天后再用。如果马上要用自来水，快速除去自来水中氯的方法可用化学法，即利用氯与一些化学药品发生化学反应的方法除去氯，常用的药品主要是硫代硫酸钠，又称次硫酸钠，市场商品名称叫海波。硫代硫酸钠与氯的反应过程是 $Na_2S_2O_3 + 4Cl_2 + 5H_2O \longequal 2NaHSO_4 + 8HCl$，其方法为在 1 米^3 水体中加入小米粒大小的硫代硫酸钠 100 粒，如果是 30 厘米×40 厘米×60 厘米的玻璃缸加入 7 粒就可以了。

输送自来水的管道多埋于地下，因此受到空气温度的影响较小。特别是在夏秋时节，直接放出的自来水的水温明显低于气温，因此在使用前必须先经过晾晒处理，以使水温接近于气温。如果使用较凉的自来水放养锦鲤，特别是幼鲤，可能会因为水温变化过大而导致罹患感冒病，严重者会发生死亡。

（4）雨水　这是一种天然水，只要降雨地区的空气没有受到污染，所得到的雨水就是十分纯净的。雨水几乎不含盐类，硬度接近零，pH 值接近于 7，可以把它作为蒸馏水的代用品。但是雨水的降落过程中会吸附一些空气中的杂质，导致雨水中含有多种不良因子，所以在工业发达的地区，使用雨水来饲养锦鲤需要谨慎考虑，而且在使用前必须经过处理。

当下雨的时候，用一些面积较大的干净容器收集一些雨水，然后把它集中在干净的容器中备用。饲养实践表明，雨水对锦鲤的生长发育颇有好处。即使是发达国家，饲养者仍然在收集雨水以供饲养、繁殖锦鲤之用。

（5）蒸馏水　各种水经过蒸馏就可得到蒸馏水。各种杂质在蒸馏水中的含量接近于零，所以它是大家公认的一种纯水。严格地说，蒸馏水的 pH 值应该等于 7，但是实际情况并非如此，蒸馏水常常出现 pH 值小于 7 的情况，主要是因为蒸馏水中溶解了一部分的二氧化碳。新制的蒸馏水中仅含有极少的溶解氧，所以蒸馏水在使用前，应该放在敞口的容器里，与空气接触数日，使溶解氧的数量达到正常后再使用，不宜直接用蒸馏水来饲养锦鲤。

不管是用哪种水源，都不宜短时间直接加入太多的新水于锦鲤池中，否则锦鲤会不能适应而引发健康问题。

二、水质对锦鲤的影响

不同的水质对锦鲤的影响是不同的，影响水质的因素主要有水体的pH、二氧化碳浓度等。

1. 水体的pH对锦鲤的影响

测试水中pH可用pH试纸，也可用锦鲤的活动来判断。例如水呈酸性时，锦鲤的呼吸速率降低，出现活动减慢、食欲差、生长停顿等现象；而碱性过大也会影响它的生长以致死亡。pH值在6.5～8.0这个范围内锦鲤都能生存，在适宜的范围内，pH值偏高时，锦鲤的活动能力减弱、食欲降低，严重时会停止生长，即使在溶氧丰富的情况下也易发生浮头现象，当然pH值过低也会使锦鲤死亡。

2. 水体中二氧化碳浓度对锦鲤的影响

二氧化碳的含量可间接指示水体被污染的程度。水体中二氧化碳的含量偏高，会降低锦鲤体内血红蛋白与氧的结合能力，在这种情况下，即使水体中溶氧的含量也不低，锦鲤也会发生呼吸困难。一般来讲，水体中二氧化碳的含量达50毫克/升以上，就会危及锦鲤的正常生长发育。

三、常用的水质处理试剂和水质测试剂

水质处理的试剂主要有水质安定剂、水质处理剂、活性硝化细菌、水质澄清剂等，水质测试剂种类较多，主要是用来检测水中的Cl^-、CO_2、Cu^{2+}、NH_4^+、NH_3、NO_2^-、NO_3^-等的浓度及pH值的专用检测试剂。它们的特点和作用也各不相同。

1. 水质处理剂

（1）水质安定剂　主要作用是可以有效地中和水中残留的氯和溶解性盐类、去除水中一切重金属离子、保护锦鲤的黏膜组织、减少锦鲤运输期间的紧迫压力、帮助锦鲤适应不同水质的新环境。

（2）水质处理剂　将自来水改良成符合锦鲤养殖水域的水质状况和生

活环境，具体作用为去除水中有毒重金属离子、预防细菌性和霉菌性病原感染、抑制藻类生长。

（3）水质澄清剂　可以安全、快速地凝集水中游离杂质和悬浮颗粒，使水质澄清，也叫水质净化剂。

（4）活性硝化细菌　可在极短时间里培殖出大量的活性硝化细菌，快速阻止和降低水中亚硝酸盐的积累。同时可在短期内迅速建立起生物过滤系统，有效地促进整个氮循环作用。

2. 水质测试剂

（1）Cl^-测试剂　可以随时检测水中残留氯的浓度，确保锦鲤鳃组织和黏膜层不因氯浓度过高而被破坏，甚至导致锦鲤死亡。

（2）CO_2测试剂　可长期检测水中二氧化碳的浓度，确保一个适合锦鲤生长的最佳的水质环境。

（3）Cu^{2+}测试剂　可以随时检测水中残留铜离子的浓度，确保锦鲤不因为铜离子浓度过高而导致重金属元素中毒，甚至死亡。

（4）$NH_4^+ + NH_3$测试剂　可以随时检测水中氨和铵的浓度，避免浓度过高对锦鲤造成血液、神经系统的破坏。

（5）NO_2^-测试剂　可以随时检测水中亚硝酸盐的浓度，NO_2^-浓度过高会破坏锦鲤的氧气吸收能力，使锦鲤成鱼的红细胞抗氧能力降低而无法供应足够的氧气，进而导致锦鲤窒息死亡。如果NO_2^-的浓度为0.3～0.5毫克/升，需要加倍添加活性硝化细菌3～5天；如果NO_2^-浓度高于0.5毫克/升，需要大量换水（换水量占总水量的1/2以上）。

（6）NO_3^-测试剂　可以随时检测水中硝酸盐的浓度，硝酸盐浓度过高会促使藻类大量生长，对锦鲤造成伤害。

（7）pH测试剂　可以随时检测水中酸碱度数值，可搭配pH调高剂、pH调低剂来控制水质酸碱度。

四、锦鲤的换水

锦鲤在水中的排泄物、吃剩的饵料、外界飘落的异物等，常沉积在水中，经微生物分解发酵后容易使水质变坏。同时锦鲤的尿液以氨为主要成分，氨在水中对锦鲤有害，换水也是减少水中氨含量的措施

之一。

1. 换水方法

换水时先将池水放掉一部分，将锦鲤捞入事先备好的干净的容器内，再把全部污水放掉，同时彻底刷洗池塘四周沉积的污物，使污物排出。然后用消毒剂进行消毒，以杀死池中各种病原微生物。再用清水冲洗池内的消毒药物，洗净后加入储备用水至原池水位，把锦鲤放入原池中饲养。但必须指出，把锦鲤放入原池饲养时，必须注意新水质各方面的情况，如水温、硬度等条件不应与原水质相差过大；同时全池换水对繁殖期的锦鲤亲鱼还可起到促使锦鲤亲鱼食欲旺盛、增强体内新陈代谢、促进卵细胞成熟的作用。给锦鲤换水的方式根据实际需要及换水量的多少分为彻底换水和一般换水。

2. 换水时与天气、 时间的关系

在天气炎热的季节，有的一天要换两次水，分别在上午太阳出来以前和下午太阳下山以后换水。但大多数在每天太阳下山后，进行一次换水或注水。

换水时，应选择晴朗的天气。夏季宜在早晨 7～8 时，春秋两季则以上午 9～11 时为好。在寒冷季节，如要进行换水，必须在下午两点开始五点结束。操作时要特别注意小心谨慎，以免因创伤而引起水霉病。寒冷季节，锦鲤池是否换水，要视水质情况而定。肉眼观察水色呈黄色或粉灰色时，闻之发臭、酸腥，就要换水；在室外池中如果有融雪水流入池中也要换水。但是换水太勤，锦鲤会褪色。寒冷季节换水次数通常为 10～12 月间，15 天换水一次；1～2 月间，每月换水一次；2～3 月间，每星期换水一次。

为了保持水质清洁，池水不受污染，饲养锦鲤的容器要每隔 1～2 周刷洗一次，清除池器边沿的绿苔毛，以免苔毛过长影响锦鲤活动和防止水臭生虫。

五、养殖池

在池塘里饲养锦鲤，养殖池的大小与生产规模大小有关。养殖池不仅

是锦鲤的生活环境，还是直接影响到锦鲤体态、色泽等质量优劣的关键，而且养殖池还是直接用来欣赏锦鲤的载体，故历来都很讲究。

1. 水泥池

这是各生产厂家较多采用的一种，也是庭院、公园养殖锦鲤常见的容器，既可以在室内，也可以在室外。形状可为正方形、长方形或圆形等，用砖或混凝土筑成。锦鲤池的大小，一般多采用 1 米×1 米、2 米×2 米、3 米×3 米、3 米×4 米、4 米×4 米等规格。锦鲤池水深以 0.8 米左右为宜，故最深处为 1.0～1.2 米，如果冬天不进室内越冬，深度可加深至 1.5 米。池的四角做成圆弧形，有利于洗刷池壁污物。

大面积饲养时，池宜做成双排式，中间设一条进水管道。锦鲤池应有截然分开的进水和排水系统。每个锦鲤池均有独立的进、排水口（图 4-1）。

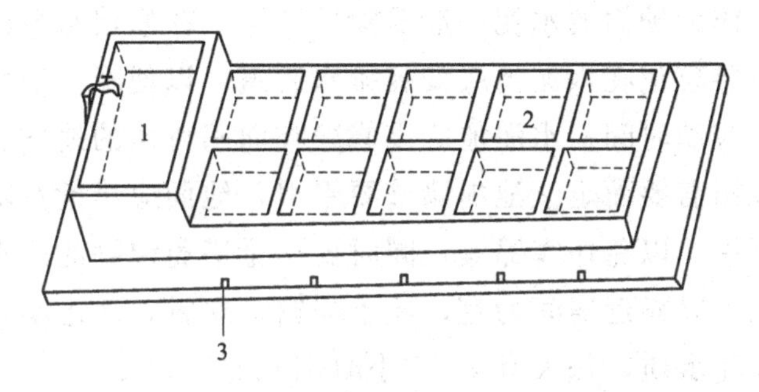

图 4-1　锦鲤鱼饲养池（水泥池）

1—晒水池；2—养殖池；3—排水管及下水道

水泥池地点选择在通水、通电、通路的地方，特别是要有充足的水源，最好能避风向阳，避开高层建筑和高大的树木以及有毒废水、有害气体工厂。

2. 土池

土池的面积也不宜太大，以 0.1～1 亩为宜，水深以 1.0～1.5 米为宜。但为了顾及锦鲤的防暑或越冬，要求深水区的最高水位能达 2 米以上，土池也应要求进、排水系统齐全，形状以东西长于南北的长方形为好，堤坡以 1∶(1～1.5) 为宜。

第二节　庭院养殖锦鲤的技巧

一、水泥池的建造

水泥池的大小没有一定的规定，多数为正方体或长方体。为了观赏到锦鲤豪迈的泳姿，通常愈大愈深愈好。一般要求底面积15～35米^2，水深1.2～1.8米，最少也要80厘米以上，正方体或长方体的锦鲤池较易于管理。如水体太浅，不易育成巨大的锦鲤，且浅水容易受天气阳光的影响，会令锦鲤感到不适，产生疾病。

修建水泥池时，先用砖砌成池子，再用水泥作护面。为了防止水泥池漏水或渗水，作为护面的水泥一般要涂抹四层。在修建水泥池时，最重要的一点就是不要忘记在水泥池底安装排水管道，以便降低换水清池时的劳动强度和减少劳动时间。水泥池应该修建在向阳背风的地方。水泥池的形状、尺寸可根据需要而定。池内墙壁要平滑，池面应尽量宽阔，不宜采用凹凸不平的石头，以免伤害锦鲤，同时要尽量避免锦鲤池死水位出现。

水泥池位置以靠近房间为宜，便于喂饵、观赏，池边不宜有大的落叶树木，以免败坏水质，每天有2～3小时阳光照射为佳。

建造水泥池的步骤如下。

① 清整并规划建池环境，挖深池底并夯实。

② 用砖块砌好池子外壁，池底及池边扎钢筋、放混凝土，注意防止漏水。

③ 规划设计池内的过滤系统。

④ 引进进、排水管道，注意锦鲤池与过滤池的配套。

⑤ 内部过滤系统初具雏形。

⑥ 安装好各种管件，修整锦鲤池底部及四周，池底与中央排水管成斜位，方便排水。

⑦ 用水泥封好底部过滤设施。

⑧ 池塘底部过滤系统的完善：检查进、排水管道及抽水泵是否能正

常运转，检查电路及供氧系统。

⑨ 注水过滤后等待放养锦鲤。

新修建好的水泥池，待到水泥凝固之后，便可立刻注满水，但是不能马上使用。因为水泥中含有相当数量的碱性盐类，必须先去除水泥碱，试水后才能养锦鲤。一般在新池注满水后，底面每1米^{2}面积水泥池加入约50克冰醋酸均匀混合，24小时后排出；再重复1次，约3～5天后排走；再放清水浸泡2～3遍，然后放养一些廉价锦鲤入池以了解水质安全性，如试水锦鲤反应良好，则可放置高档锦鲤了。

锦鲤池的日常管理要注意保持池水清洁，如有锦鲤的排泄物或残余饵料、树叶等须尽早排走。一般最好每天排底水1次，过滤槽亦需1周左右清洗1次，清除池底污泥，排走污水。及时排走水中对锦鲤有害的物质，保持良好的水质是水泥池管理上最重要的一点，也是养好锦鲤的关键。

二、过滤的种类及过滤池的建造

完整的过滤系统不仅能去除水中悬浮物及多余的藻类，还能通过滤材上的生化细菌分解水中对锦鲤有害的物质，如氨氮、亚硝酸盐等，使之转化成对锦鲤无害的物质。

（一）过滤的种类

锦鲤庭院水泥池的过滤分为物理过滤、吸收过滤、生化过滤、植物过滤。

1. 物理过滤

就是利用各种过滤材料或辅助剂将水中的尘埃、胶状物、悬浮物和枝叶等除去，保持水的透明度。比较传统而简便的方法是使用砂、石粒使水渗透，以除去肉眼可见的悬浮物。一般最常用的生化毛刷具有物理过滤与生化过滤双重作用。

2. 吸收过滤

就是利用滤材将溶解于水中有害于锦鲤的各种离子化合物或臭气等，以吸收法除去的过滤方法。常用的滤材有活性炭、麦饭石和磷石，还有其

他离子交换树脂等。

3. 生化过滤

就是利用附着于滤材上的生化细菌，将锦鲤的排泄物如粪尿、残余饵料及其产生的含氮有机物或氨等，加以氧化处理的方法。它是整个锦鲤池过滤系统中最重要的一环。常用的滤材有生化毛刷、纤维棉、生化丝及生化球等。注意清洗或消毒过滤槽时，不要冲掉或杀死细菌。

4. 植物过滤

利用植物吸收水中有害因子的方法。一般可利用水中植物如浮萍等，它们根系发达，除了有植物过滤的作用外，还能吸收水中铁离子及农药。

（二）过滤循环装置

要使池水清净，便于观赏锦鲤及有助锦鲤生长、增色，就必须建造使用过滤循环装置。

具体方法是，由锦鲤池底最深处引接水管至沉淀槽，经各种滤材处理后用循环抽水泵再抽回水泥池，不断过滤水体。沉淀槽为过滤槽的第一部分，悬浮物及金属离子在此沉淀，沉淀槽底部的活门接排水管可将污水排掉。

过滤槽的大小约为锦鲤池的 1/5～1/3，过滤池面积越大，过滤效果越好。如要添加自来水或地下水至锦鲤池，应将新水放入过滤槽中，可以使水变软及缓和残留氯气的危害。不宜将新水直接加入锦鲤池。

因生化细菌分解作用需要氧气，故过滤槽必须配置暴气管以增加水中溶解氧的浓度。常用空气压缩机将空气直接压入水中，也可使用添加纯氧的方式。室外池因阳光强烈，可使用杀菌灯杀灭水中过多的绿藻，也可采用遮阳装置如遮光布或塑胶浪板遮盖锦鲤池 1/3 左右，防止紫外线对池水及锦鲤的颜色造成影响。

三、锦鲤池和水族箱的不同之处

我们先来比较一下户外的锦鲤养殖池和室内的锦鲤水族箱在环境上的不同点。首先在户外锦鲤池的设置上得费一番功夫，开始一定要有一块空

地作为锦鲤池的用地，然后就是水泥池的设置工程，包括：池子主体的设计施工、过滤系统工程、管路的架设、暴氧池等，这些都得经由专业人员的设计施工、一般需要几万元甚至数十万元的成本才能完成，反之水族箱中的锦鲤养殖却很容易做到，大约只需千元至数万元的成本，只要选用150厘米以上的缸子，不论是花园式或水草式的造景皆很适合。

1. 养殖水的来源

自来水的取得较地下水方便也便宜许多，用自来水养锦鲤已非常普遍了。一般的户外锦鲤池将地下水或是自来水先引进一暴氧池或植物水道，利用此一处理将水中的不利因子（残留氯、重金属、亚硝酸盐、硝酸盐等）除却，再将这些安全用水排放入锦鲤池中。家中有水族箱就不必如此大费周章了，只要将用水质安定剂调和过的自来水，直接使用于锦鲤缸中即可，这样的一个小动作就可将水中的有害因子去除，达到做水的效果。

2. 藻类问题

户外的锦鲤池常含有丰富的藻类，无论在池壁或是池水中常常覆着一层青苔，藻类的出现就表示水中的营养盐太多了，这些藻类会将水中的营养盐如硝酸盐类、氨吸收利用，可以说是一种有利的植物性过滤系统。同时我们也可以透过这些藻类的变化来得知水质状况，水质清澈、绿藻附生在池壁、藻相良好，表示水质稳定，而且这些绿藻还是锦鲤的食物。但如果水质呈现绿色也就是浮游性的藻类大量孳生，表示水中的养分太多了，此时就需多加注意了。

水族箱中的藻类则常出现在水草叶面、缸壁、过滤器上，有些是小小的绿点，有些则是一片绿色藻层，最严重的是同毛刷般的黑毛藻。只要一有藻类出现就很难除去，必须勤加换水、加入除藻剂等，经过一段时间的处理，待藻类完全脱落后，水族箱才会恢复原貌。我们将这些会引起藻类孳生的物质称为水中的营养因子，包括磷酸盐、硝酸盐等，主要来自饲料的残余及鱼类的排泄物。可以每5～7天换水一次，另外定期的水质监测都是防止这些营养因子浓度过高的方法。将硝酸盐浓度维持在5毫克/千克以下，磷酸盐浓度维持在1毫克/千克以下，即可有效防止水中藻类的孳长。

3. 水温调节的方式

随着温度的高低变化，水中的溶氧量也会呈现不同的变化，两者呈现反比的变化趋势，也就是水温越高水中的溶氧量就越低。锦鲤的活动力则和温度成正比，温度越高锦鲤的活动力也就越高，消化吸收的能力也越好，相对地，水质污染的概率也增加了，所以在盛夏 8～9 月之间是锦鲤池最难维持清洁的时间，必须不断利用马达带动水循环、注入新水，利用新水来稀释池中过高浓度的氨、亚硝酸盐类，注入水时则可利用扬水、喷洒的方式来增加池水中的溶氧量、降低池水的温度，或是利用遮蔽物、增加池子的深度等方式，在夏季让池水的温度降低。

在水族箱中的冷水机是夏天必需的设备，锦鲤是温水性鱼类，水温最好不要超过 28℃，且水温太高，生长速度加快，体表上的色斑颜色不饱和，以外表取胜的锦鲤，观赏价值会因此降低许多。水温低时锦鲤的生长速度虽然较慢，但在体色的表现上却会因此更加饱满美丽。

4. 过滤方式

饲养体积大的锦鲤，其排泄物及残饵常是引起水质问题的主因，在水泥池中沉淀物的清理方式通常是利用排水管，排水管和水族箱底部导流管作用相同。在池子的底部架设底部排水管，将沉淀于水下的排泄物排出。所以排水管千万不能置于水泥池上部，否则刚注入水泥池中的新水马上又被吸除，沉淀物质仍留在池底，水质不但没有改善，还造成新水的浪费。

在铺设有底部导流管及生化过滤器的锦鲤水族箱中，锦鲤的排泄物可经由底砂及过滤器的作用来进行分解，所以过滤器的清洗格外重要。在换水的同时最好能将过滤器中的物理性滤材取出清洗，物理性滤材通常置于过滤器的最上方，经由物理性滤材先将大分子滤除，可以减少化学性、生物性滤材的负担，并提高过滤系统的效率。

5. 喂食时机对水质的影响

喂食也是影响水质的重要因素，其中喂食的时机格外重要。户外的锦鲤池在一天之中含氧量最高的时期是在傍晚，此时也是锦鲤食欲最佳之时，但却不是最佳的喂食时机。因为入夜之后水中的溶氧量会渐渐减少，如果在傍晚喂食的话，锦鲤的排泄物会在夜里渐渐地累积，水质很容易在

这段时间起变化，水中的溶氧量不足，锦鲤会因缺氧而浮头、死亡。

水族箱里的适宜喂食时机在上午 9～10 时，因为此时喂食，锦鲤会加快活动，有利于健康，更重要的是，此时会产生大量粪便，可及时通过过滤系统和硝化菌等进行转化，对水族箱内环境有益。

6. 使水混浊的悬浮微粒

另一个在锦鲤水族箱中最常出现的水质问题是混浊的水色，尤其当锦鲤大幅度活动时。引起混浊的是水中的悬浮微粒，这些悬浮微粒的来源不外乎是锦鲤的排泄物、残饵等，此时必须要增加过滤器中物理性滤材，加强过滤效果才行。而在庭院锦鲤池中的滤材较多，悬浮微粒较少，水质比较稳定。

7. 水面油膜

在庭院锦鲤池中养殖锦鲤，当水质状况不佳时，水面会出现一层油膜，严重时还会出现泡沫，这可能是饵料中的油脂、蛋白质等成分形成的，也可能是来自空气中的物质溶入水中所致。此时可利用油膜去除剂将油膜形成凝结物，随着水流进入过滤器中分解，如此水面就可保持干净清澈。

对于水族箱中的油膜可以采用以下几种方法解决：①使用油膜处理器，利用过滤材中滤棉吸附，由硝化菌分解油脂；②将带滤油膜的瀑布、过滤的雨淋管放在水族箱的水上面可以除掉部分油膜；③用杯子将油膜慢慢收集于杯内倒弃；④把吸油纸轻轻放在油膜集结区，将油膜吸除；⑤及时清除过滤器中的积污，减少油膜的出现。

四、庭院养殖锦鲤的技巧

1. 保持池中充足的溶解氧

为防止锦鲤缺氧，必须使用打气机或空气压缩机将空气打入池水中。池水中溶氧不足时，锦鲤食欲减低，集中于进水口或在水面呼吸，如不予及时处理，易窒息死亡。此时应即刻换水、充氧，切不可投喂饲料，否则会引起全部死亡。

另外，过滤槽中生化细菌发挥作用也需要充分的氧气。

2. 饲养少量优质锦鲤

饲养少量的优质锦鲤是养锦鲤的一要诀。因劣质锦鲤及其他杂锦鲤如鲫锦鲤的生存能力较强、耗氧大、摄食动作快，不仅有碍观瞻，而且影响到优质锦鲤的生存，与它们争氧、争食，导致优质锦鲤不能正常生长。池水缺氧时，优质锦鲤往往先死亡。总之，饲养尾数宜少，对没有前途和观赏价值的劣质锦鲤应及早淘汰，这样，池水污染轻微，管理也会容易得多。

3. 实行底部排水， 换水立体化

因换进锦鲤池的新水比重较轻，如不从底部排水，则新水会从水面流出，对改善水质毫无作用。另外，锦鲤的排泄物、污泥、重金属离子等有害物质常淤积于池底，如不从底部出，则永远无法造出好水，无法将锦鲤养好。因此，换水应立体化，将不良因子尽早排出池外，才能促使锦鲤艳丽、生长正常。

4. 以生化过滤循环改善水质

一般来说，影响锦鲤品质的因素有：本身遗传因素及体质占 50%～70%、水质占 20%～30%、饲料占 10%～20%，可见改善水质是何等的重要。

良好的水质指 pH 值 7.2～7.4、重金属离子及有害物质含量少、硬度低、有丰富的溶解氧。无论地下水或自来水的新水都无法达到这个条件，因此必须让它与老水混合使其软化，并装设暴气装置保持充足的溶解氧。另外，为了使池水清澈，锦鲤健康、食欲旺盛、生长快速，须使用大的抽水机使水循环。常用的抽水机可使池水 2～8 个小时循环 1 次，具体应视水质和放养密度而定。

5. 营造青苔繁茂的水泥池

养好锦鲤最重要的一环是养好水。所谓“造水”即造出青苔繁茂的“熟水”最重要。为了改善水质，通常采用生化过滤、物理过滤、化学过滤和植物过滤相结合的方法，使新水迅速软化，使旧水得以净化，如此池

壁上就会产生地毡一样绿色的青苔，这是水质良好的标志。在这种水泥池里饲养锦鲤会让它们色彩鲜艳，保持最佳的生存状态。

6. 驱除寄生虫

饲养锦鲤最主要是要经常细心观察池塘水质和锦鲤的状态，随时发现变化或异常而采取相应的对策。观察池水是否污浊，锦鲤的食欲是否正常，是否有寄生虫等病症。多加注意并养成勤观察的习惯，如此则不会延迟清池，更不会导致锦鲤轻易死亡了。

锦鲤体外寄生虫有锚头蚤和锦鲤虱等，仔细观察均能被发现。寄生虫寄生锦鲤体则导致锦鲤群缩聚在角落、食欲减退、体力衰弱、互相摩擦或摩擦池底，摩擦产生的伤口造成其他病菌感染而引起并发症致死。常用敌百虫予以清除，一般用量为0.4～0.5毫克/千克，应视水温、锦鲤的状况而定。

7. 冬春季的饲养管理

冬春季水温常在20℃以下，锦鲤的活动、摄食状况大为下降，新陈代谢变缓，消化机能较弱。因此，冬春季应少喂饵料。视具体情况可喂一些易消化的植物性饵料，而不能喂高蛋白质难消化吸收的饵料，否则锦鲤体会变胖、长不大。

即使在冬春季，同样要仔细观察锦鲤的健康状况，注意驱除寄生虫。特别在初春，水温骤升，锦鲤的抵抗力差，而此时各种细菌和病毒开始大量繁殖，极易感染体弱或有伤的锦鲤。因此，要注意消毒池水和锦鲤体，保证水质洁净至关重要。

8. 夏秋季的饲养管理

夏秋季是锦鲤的生长季节，此时水温高，锦鲤活动量大、摄食力强、生长快、色彩亦变得鲜艳。应注意少量多餐投喂，但不要投喂过期或变质的饵料，注意锦鲤的体形变化及骨骼生长。特别在秋季，锦鲤为过冬储备营养，摄食非常旺盛，应注意饵料的营养全面、新鲜。

夏天阳光强烈，池水中常会产生大量绿色的藻类，使池水呈混浊状，无法饲养锦鲤。此时应在过滤槽中安装杀菌灯杀除多余的绿藻，再增加池面覆盖设施以遮盖池面70%的阳光为宜。

夏秋季水温高，应向池中增加多量新水，避免池水温度太高，锦鲤难以适应。

第三节　公园养殖锦鲤的技巧

在公园里养殖锦鲤时，一般用人工开挖的池塘进行养殖。

一、公园锦鲤池要求的水质

公园锦鲤池要求水必须无味无臭；无色、透明度约达1米深；池壁青苔正常；无异常水泡；池水各指标标准：pH值7.2～7.5，德国硬度8度以下，铁离子浓度0.3毫克/千克以下，硫酸根离子15毫克/千克以下，氯离子19毫克/千克以下，不含残留氯，溶氧量5毫克/千克以上，氨0.1毫克/千克以下，亚硝酸盐0.1毫克/千克以下，硝酸盐5.5毫克/千克左右，不含硫化氢，生化耗氧量（BOD）2.5～7之间，浊度在5度以下。

1. 硬度

锦鲤喜欢在微碱性、硬度低的水质环境中生活。一般来说，软、硬水都可以养锦鲤，但应该避免把锦鲤突然由软水移入硬度较大的水中，以免产生过敏。德国硬度应小于8度。测定水的硬度可用硬度测定试液（GH），另外还有一种碳酸盐碱度测试剂（KH），可测定水中碳酸盐的碱度。

2. 酸碱度

锦鲤要求生活在微碱性水中，较适合的pH值为7.2～7.5。锦鲤不喜欢水质突变，不要将其从pH值低的水中突然放入pH值高的水中，以免因pH相差太大而引起锦鲤的不适，甚至死亡。锦鲤长期处于弱酸性水中，不仅体色变坏，还易得鳃腐病。

3. 亚硝酸盐、氨氮等有害物

锦鲤的排泄物溶于水中经各种化学反应产生亚硝酸盐、氨氮等有害

物。有害物浓度过高时，锦鲤活动力减弱、浮上水表面、体色变淡、死亡率高。因此，饲养锦鲤一定要注意水质管理，良好的过滤系统（机械、生物、化学过滤）、大量的硝化细菌有利于降低氨氮浓度，因此要特别注意过滤系统的设计。此外，要注意锦鲤的放养密度、摄食情况、温度高低；要及时换水，但要以不急剧改变水质、水温为原则，避免氨氮浓度升高。

4. 水泥锦鲤池除碱法

新建的锦鲤池，混凝土会析出水泥碱为害锦鲤，因此新池必须除碱。其方法有醋酸法、干冰法、焦明矾法和涂塑胶漆法，通常采取醋酸中和法。

在每 1 米^2 底面积的水泥池中加入 50 克的冰醋酸充分搅拌混合，经过两天之后将水排干，然后再重复一次。一般来说，新池在半年内尽量多加新水较安全。

二、建造锦鲤池

1. 建池的要求

饲养锦鲤的锦鲤池必须考虑日照、风向、雨水、安全、落尘等数项因素。锦鲤池的表面积要有 15～30 米^2；锦鲤池深度，养大型锦鲤需要 1.5～2 米，小型锦鲤则需 0.8～1 米；锦鲤池水量在 20～50 吨之间。锦鲤池的形状及构造，则可依个人喜好修筑成中式、洋式或土池。

下面用示意图说明锦鲤池的要求（图 4-2）。

① 西边有太阳照射，锦鲤池最好设在有树遮阳处，避免长时间太阳西晒。

② 池水流动以贴着池壁流动的方向为良性水流方向。

③ 水泥池深度应为锦鲤身长的两倍以上。

④ 如果水泥池太浅，不但锦鲤无法活动，且因水浅、水少，水泥池温度变化太大，锦鲤体难以承受。故锦鲤池长的一方至少要有理想育成的锦鲤体长的 10 倍，锦鲤池的形状以面积宽广为好，不要狭长形，使锦鲤生活得舒适安定。

现在一般的锦鲤池都配备生化过滤系统，锦鲤池的维护管理比较容易。由于是长期的投资，锦鲤池的建设最好请有丰富经验的锦鲤养殖者设计为佳，找一家有实力的能提供良好售后服务的锦鲤养殖场至关重要，以避免更改设计导致时间和资金的不必要浪费。

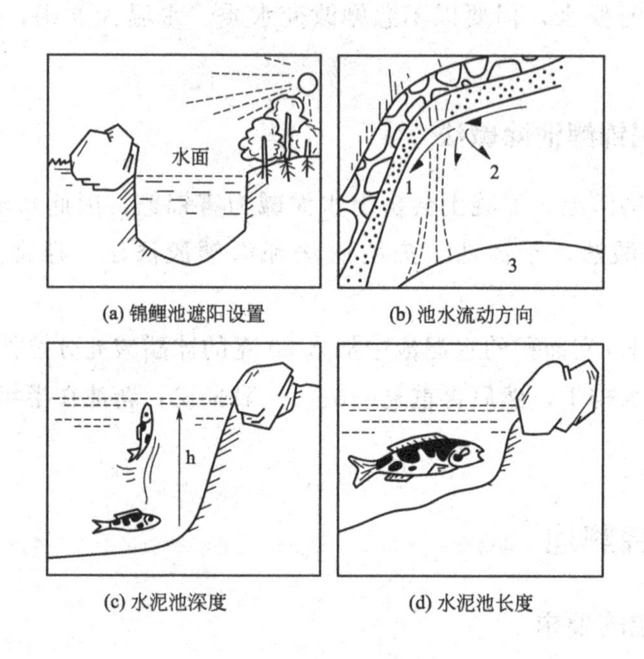

图 4-2　锦鲤池建造要求

1—良性水流方向；2—恶性水流方向；3—鱼池底部

2. 建池摘要

下面以某公园的锦鲤观赏池为例说明。

地面面积：24 米^2。

池蓄水量：以 2 米水深的观赏池为例计算，24 米^2×2 米＝48 米^3，池蓄水量为 48 吨。

锦鲤池形状：池的角落要采用圆形，池的底部采用斜面以利污物排走。

注意事项：胶管必须采用厚料，池内必须光滑，池内外墙也须涂刷防水浆，以防漏水。

图 4-3、图 4-4 分别为观赏池的横切面图及纵切面图的示意图解。

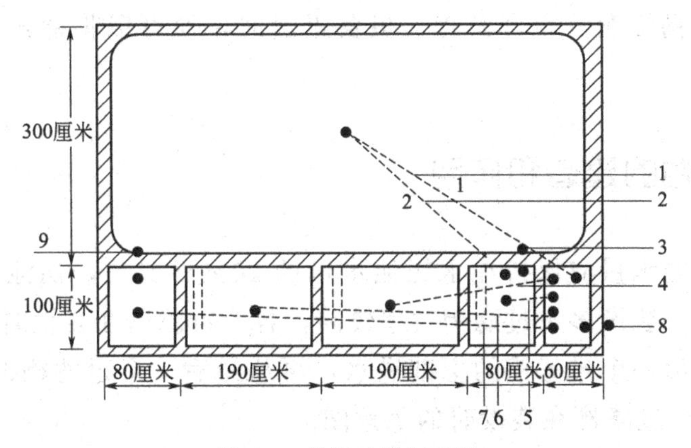

图 4-3　锦鲤池横切面图

1—10 厘米胶管由池底至排水槽；2—10 厘米胶管由池中至沉淀槽；3—7.5 厘米胶管放于墙中作中途水入口；4—5 厘米胶管由过滤槽至排水槽；5—7.5 厘米胶管由沉淀槽至排水槽；6—7.5 厘米胶管由过滤槽至排水槽；7—7.5 厘米胶管由沉淀槽至排水槽；8—10 厘米胶管由排水槽将水排出内加插管，在水平位处钻孔，以确保雨季水满池时能及时排水；9—放置每小时 14 吨抽水泵一个

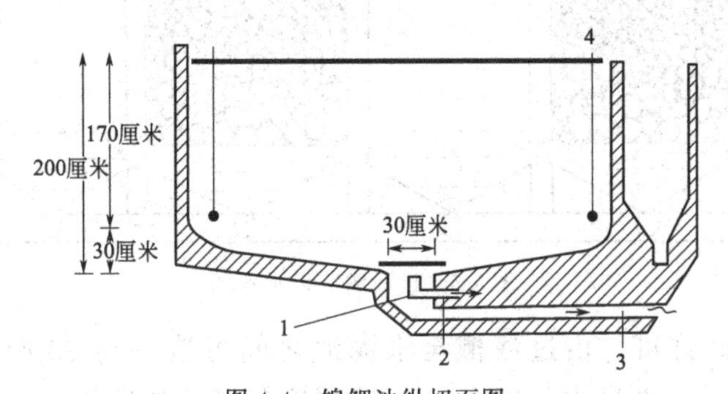

图 4-4　锦鲤池纵切面图

1—污物口；2—沉淀槽；3—排水槽；4—气喉

3. 新池造水七步骤

① 注满水后 1 米^3 水用 1 升冰醋酸刷洗。

② 底部抽水泵运行 6～8 天后，将水泥碱溶于水中。

③ 将水排出后，再用清水清洗全池 2～3 次，确保没有冰醋酸存在。

④ 放入各种滤材，在过滤槽内注满清水。

⑤ 每吨水放入 5 千克粗盐后开动抽水泵及增氧机。

⑥ 抽水泵和增氧机运行 3～5 天后放入低廉的锦鲤试养。

⑦ 先测试水质是否符合酸碱度 7～7.5、溶氧量 5～8 毫克/千克、氨 0.1 毫克/千克以下、亚硝酸离子 0.1 毫克/千克以下。经多次观察，当锦

鲤的游姿顺畅活泼、色泽鲜艳、摄食迅速时，便可以将锦鲤放入池中饲养了。

三、过滤池的建造和作用

过滤池的水量应保持在水泥池水量的 20%～30%，如池子大需较大的过滤槽时，装设多个过滤槽效率较高，各个过滤槽在装设时宜采用平行相通式，从第一个过滤槽的上部进水，再从最后一个过滤槽的底部排水。图 4-5 是两个过滤槽在装设时的示意图。

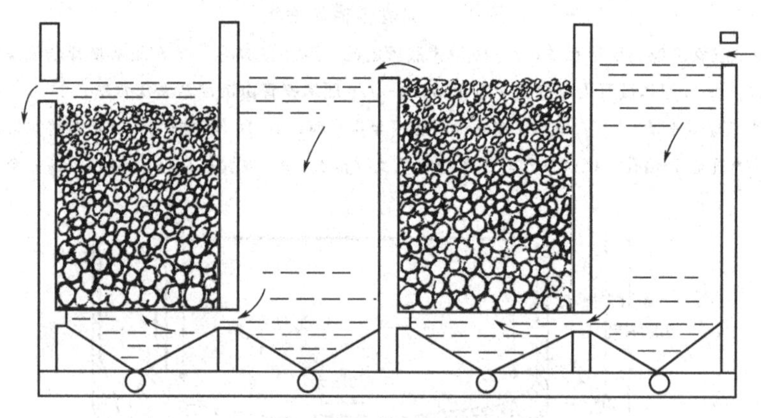

图 4-5　过滤槽装设示意图

如果空间许可，由过滤槽至水泥池之间可造一约 30 厘米宽的水道导水，比用塑料管导水好得多，水道愈长愈好，如能设计此水道使它增加公园景色的美丽，则更为理想。这种水道可使循环水充分与空气接触而使水软化，同时还可使空气中的氧气充分溶解在水中（图 4-6）。水道中铺石灰石或者沸石，滤材本身也可附着硝化细菌起净化水质的作用（图 4-7）。

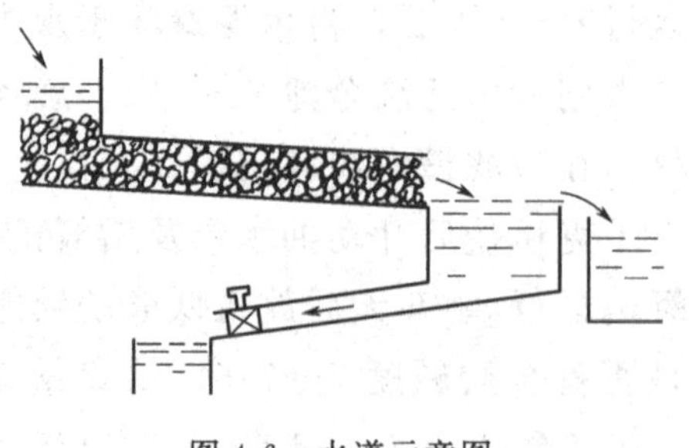

图 4-6　水道示意图

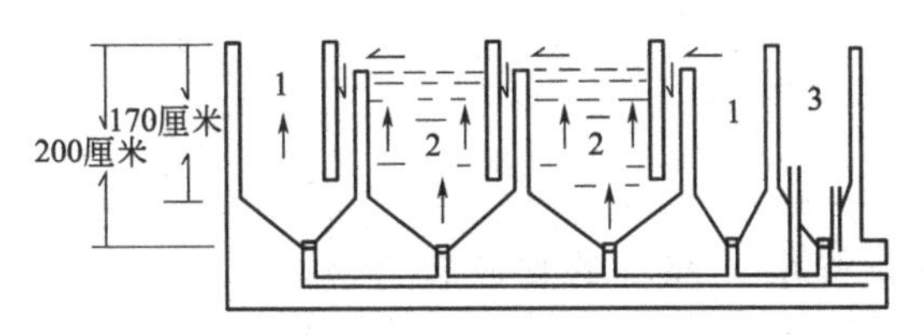

图 4-7　水道纵切面

1—沉淀槽；2—滤材；3—排水槽

过滤池设置的两个原则，一是向上逆流式，水由下往上走，将污物沉入池底；二是多槽连接，水一个槽一个槽流过，效果较佳（图 4-8）。介绍两种过滤池，一为 FOK 式，另一为高林式过滤槽。高林式过滤槽没有沉淀池，也没有排污设备，过滤池不需要清洗。它的排列是一层滤板、一层滤条（图 4-9）。

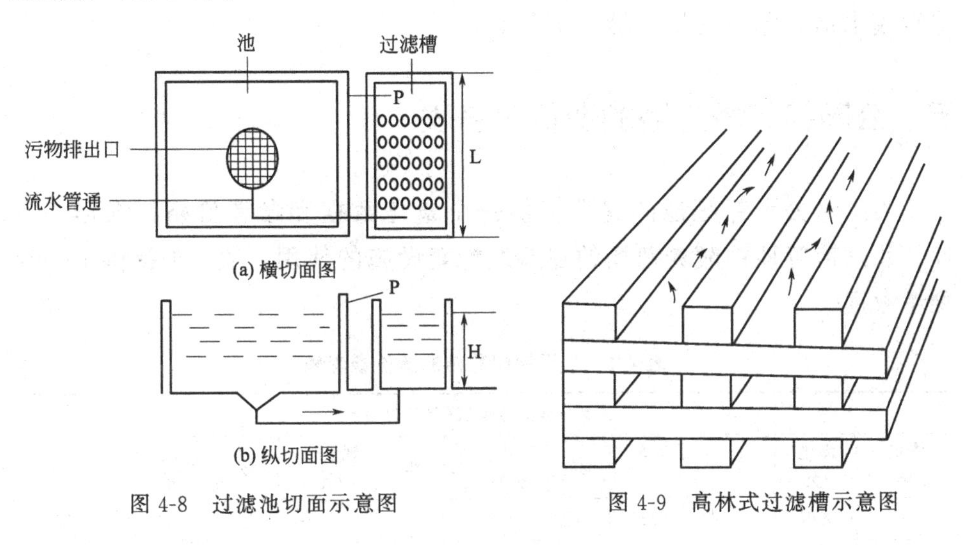

图 4-8　过滤池切面示意图

图 4-9　高林式过滤槽示意图

四、饲养锦鲤的附属装置

1. 水道

无论是地下水还是自来水，在进入锦鲤池或过滤池之前，最好经一条水道，水与空气接触，迅速改善水质。以地下水为例，地下水含氧量低、硬度高，如果不经水道进入过滤槽，硝化细菌需要氧气，缺氧的水会产生不良的细菌，就无法达到过滤的功能。如果经过水道，水的含氧量提高、pH 值上升、硬度降低，水质即可改善。有的没有水道就采用暴气的方法。

2. 水

加入足量的新鲜水，锦鲤的食欲较佳。

3. 马达

马达必须省电、安全且效果佳。

4. 其他的附属设备

①打气装置，如空气压缩机，最近日本又用了超声波气泡发生装置；②水泥池遮蔽装置（如塑胶浪板，用来遮强阳光）；③锦鲤网、浮箱；④塑胶水槽；⑤自动给饵器；等等。

五、公园锦鲤养殖池的造价参考表

为了给公园锦鲤池的建造提供一个量化数据和参考价格，根据广东省、北京市等地锦鲤养殖场的建造及配套设施的使用，表 4-1 提供了一组参考数据。

表 4-1　公园锦鲤养殖池造价参考表

公园锦鲤池造价表(参考价目)										
体积/米^3	塘池/元	台	进口泵/元	套	生化过滤系统/元	套	观赏灯/元	盏	杀菌灯/元	总价/万元
2～4	5000	1	2100	1	2800	4	800	2	1800	1.15
5～8	8000	1	3200	1	3400	6	1200	3	1800	1.62
9～13	1万	1	4200	1	3600	6	1200	3	2400	1.96
13～15	1.2万	1	8400	1	5000	8	1600	4	3600	2.4
15～20	1.8万	2	9200	2	5800	12	2400	6	3600	3.74
20～30	2.5万	2	2.4万	2	9000	14	2800	6	3600	4.64
50～70	8万	3	3.6万	3	1.5万	18	3600	10	6000	12.6
70～100	10万	4	4.8万	4	2.5万	22	4400	12	7200	16.16
120～150	13万	6	7.2万	6	3.5万	30	6000	12	7200	21.62
150～200	15万	7	8.4万	7	3.9万	32	6800	14	8400	28.82
200～250	18万	8	9.6万	8	4.2万	34	6800	16	9600	33.44

六、公园锦鲤池的管理

1. 品种搭配

在公园鱼池饲养锦鲤时，由于水面宽阔，人们可以从上到下地欣赏到锦鲤的全身面貌和游泳美姿，因此品种一般以红白锦鲤、大正三色锦鲤、昭和三色锦鲤、黄金锦鲤或白金锦鲤、秋水锦鲤、浅黄锦鲤等搭配。而在水族箱中，人们只能观赏到锦鲤的侧面，可选择锦鲤鱼体会反光的品种如黄金锦鲤、白黄金锦鲤、松叶黄金锦鲤、山吹黄金锦鲤等锦鲤，再搭配德国鲤。但无论是饲养在土池还是水族箱中，大多以色彩鲜明的锦鲤为主，颜色较暗、有光泽且优雅的为辅。

2. 投饵方法

锦鲤为杂食性鱼类，动物性或植物性饵料都可喂食，如水蚤、水蚯蚓、小虾、玉米粉、饼干碎、方便面碎、蔬菜甚至米饭团锦鲤都能摄食。但要想锦鲤色彩鲜艳，除配合灯光、背景及水质外，更重要的是投喂高营养的专用锦鲤增色人工饲料，有片状或颗粒状专用饲料。

饵料可以单一投放，也可以交替投放。锦鲤是比较贪食的，假如投食过多，就会发生积食或便秘等病症。所以要注意投饵数量和次数，以少食多餐、无残饵及坏水为原则。

对于孵化后的锦鲤幼鱼，初时可以喂养轮虫、水蚤或蛋黄。2 厘米左右的小锦鲤就要喂以红虫等饵料。对于长到 5 厘米以上的锦鲤，可以随便地吃动物性或植物性饵料。

3. 给饵次数

锦鲤是冷血动物，体温随水温变化，水温不同，给饵次数也不一样，不同的季节也必须喂以不同的饲料。在水温低时，水中耗氧细菌含量下降，锦鲤肠内的消化酵素减少，给锦鲤喂食太多，锦鲤消化不良，并不会死亡，但第二年春天来时，锦鲤体只会横向生长，变得胖胖的，造成形态不美观。因此，给饵次数与水温密切相关。

① 10℃——不给饵；

② 10～13℃——1 周 1～2 次；

③ 14～15℃——1 周 1～2 次；

④ 16～17℃——1 周 2～3 次；

⑤ 18～19℃——1 周 2～3 次；

⑥ 20～22℃——1 周 3～4 次；

⑦ 23～26℃——1 周 5～6 次；

⑧ 26～30℃——1 周 1～3 次。

4. 日常管理及不同季节的管理重点

要经常巡视池面，清除堵住水面排出缺口的杂物，以免使浮在水面的尘埃无法排出。要及时清除落叶，以免使水质败坏。每天要排出池底水或过滤槽的底水。过滤槽要用逆洗法冲洗，将锦鲤的排泄物、残饵、悬浮杂质以及金属离子等对锦鲤色彩有害的因子随时排出池外。

由于季节的变化，气候条件不同，在各季节的饲养管理技术也有不同要求。室内饲养锦鲤时受气候的影响会小一些，但室外饲养时所受的影响很大。

春天的天气乍暖犹寒，甚至有时会大幅度降温。对春季刚从室内移到室外的锦鲤而言，应特别引起注意，在降温时，锦鲤池上应加盖塑料薄膜，以保持水温的稳定，防止突然间降温幅度过大。冬去春来，经过冬眠的锦鲤此时开始复苏，但体质较弱，应及时加以强化培育，投喂优质适口的饵料，并注意动物性与植物性饵料的搭配，保持营养的平衡，以助其体质的恢复，并促其生长。

夏天的天气炎热，水温较高。为保持锦鲤的正常生长，应于池上加遮光盖，以防止水温升幅过大。另外，若不加以遮盖，池水在阳光的强烈照射下，水温上升，浮游植物及藻类会大量繁殖，引起水质混浊，有碍观瞻；同时受阳光紫外线的照射，锦鲤的增色会受到一定影响。据测定，北京地区阳光的照度为 8000～12000 勒克斯，加盖塑料遮光盖后，照度会降为 5500～5800 勒克斯，这种柔和的光线对锦鲤的生长最为适宜。

8～9 月份的初秋天气，天气虽较晴朗，但气温和水温都在开始下降，但温度升降范围恰好最适宜于锦鲤的生长，应多投些饵料，让锦鲤吃饱、吃好。在饵料中应注意增加动物性饵料，以便锦鲤能安全越冬。

冬季来临后，气温会下降得很快，水温也会很快接近冰点，锦鲤的游

动缓慢、食量减退，此时应及时将其移到室内越冬池越冬。室内越冬池的水温应保持在2～10℃范围内。因锦鲤在水温下降到一定程度后便会减少活动量、食欲下降并最终停食，因此，越冬期间的管理工作：一是保持好水温，防止因水温过低而冻死锦鲤；二是适当投饵，尽量保证锦鲤不消瘦，并防止发病。

第四节　锦鲤的池塘养殖

一、池塘的选择

① 位置：要选择水源充足、注排水方便、无污染、交通方便的地方建造鱼池，这样既有利于注、排水，也方便鱼种、饲料和成鱼的运输。

② 水质：水源以无污染的江河、湖泊、水库水最好，也可以用自备机井提供水源，水质要满足渔业用水标准，无毒副作用。

③ 面积：面积一般为1～5亩，最大不超过8亩，高产池塘要求配备1～2台1.5千瓦的叶轮式增氧机。

④ 水深：饲养池的水深应在1.5～2米之间。

⑤ 土质：土质要求具有较好的保水、保肥、保温能力，还要有利于浮游生物的培育和增殖，根据生产的经验，以壤土最好，黏土次之，沙土最劣。

二、池塘的处理

锦鲤也有一定的逃跑能力，如果池塘有漏洞，锦鲤也会逃跑，所以，锦鲤在池塘养殖时要做好防逃措施，同时也可以防蛇、鼠等敌害生物和野杂鱼等进入养殖区。

① 池的四壁在修整后须夯实，杜绝漏渗，四周可用水泥筑墙、薄膜贴埂、铲光土壁等措施来达到防逃的目的。

② 处理池塘的底部，挖掘机挖出池塘之后，要把池塘的底部夯得结

结实实。

③ 池塘上设进水口、下开排水口，进、排水口呈对角线设置。进水口最好采用跌水式，池壁四周高出水面20厘米，避免雨水直接流入池塘；出水口与正常水位持平处都要用铁丝网或塑料网、篾闸围住，以防止锦鲤逃逸或被洪水冲跑。排水底孔位于池底鱼溜底部，并接上PVC管使管口高出水面30厘米，排水时可通过调节PVC管高度任意调节水位。因为现在的PVC管道造价比较便宜，所以许多养殖场都考虑用PVC管道作为池塘的进水管道，它的一端连接蓄水池边的提水设备，另一端直接通到池塘的一边。

④ 为防止池水因暴雨等原因过满而引起漫池逃鱼，须在排水沟一侧设一溢水口，深5～10厘米、宽15～20厘米，用网罩住。平时应及时清除网上的污物，以防堵塞。

⑤ 在生产实践中，许多养殖户还采用处理池塘边缘的方法来达到防逃的目的，就是沿着池塘的四周边缘挖出近1米深的沟，然后把厚实的塑料布从沟底一直铺到地面，塑料布的接口也得连接紧密，上端高出水面20厘米。将塑料布沿着池子的边缘铺满之后，用挖出的土将塑料布压实，这样塑料布就和池塘连成了一体。塑料布的上端，每隔1米左右用木桩固定，保证塑料布不被大风刮开，可有效防止锦鲤逃跑和敌害生物进入。也可用水泥板、砖块、硬塑料板，或用三合土压实筑成防逃结构。

在池塘处理时还要做好鱼溜的准备工作，这种鱼溜也叫集鱼坑，主要是为了方便捕捞锦鲤而开挖的，池中设置与排水底口相连的鱼溜，其面积约为池底的5%，比池底深30～35厘米。鱼溜四周用木板围住或用水泥、砖石砌成。

三、池塘的消毒

1. 陈旧池塘的暴晒

许多养殖户没有开挖新的养鱼池来养殖锦鲤，他们会利用一些已经养了好多年鱼的池塘来养殖。对于多年使用的池塘，阳光的暴晒是非常重要的，一般在锦鲤鱼苗入池前30天就要暴晒，将池塘的底部晒成龟背状，这样对于消灭池塘的微生物有很大的好处。

2. 挖出底层淤泥

对于那些多年进行锦鲤养殖的池塘来说，在锦鲤幼苗入池之前，必须要清除底层的淤泥。因为池塘的底层淤泥都会淤积很多动物粪便和剩余的饲料，是病菌微生物的栖息地，而锦鲤喜欢在池塘的底部活动，不做好清淤工作会影响锦鲤的健康成长。一般情况下，用铁锹挖起底部过多的淤泥，集中在一起，然后用小车推到远离池塘的地方处理。同时也要对池塘进行检查，堵塞漏洞，疏通进、排水管道。

3. 池塘的清塘消毒

池塘是锦鲤生活栖息的场所，也是锦鲤病原体的储藏场所。池塘环境的清洁与否，直接影响到锦鲤的健康，所以一定要重视锦鲤池塘的清塘消毒工作，它是预防鱼病和提高锦鲤产量的重要环节和不可缺少的措施之一。

在锦鲤养殖生产中，提前半个月左右的时间，采用各种有效方法对池塘进行消毒处理，用药物对池塘进行清塘消毒，既可以有效地预防锦鲤疾病，又能消灭水蜈蚣、水蛭、野生小杂鱼等敌害。在生产过程中常用的清塘药物有生石灰、漂白粉等。

(1) 清整池塘　在锦鲤幼苗放养前20天，清整锦鲤养殖池并进行适当改造。将池水抽干，查洞堵漏，疏通进、排水管道，翻耕池底淤泥。

(2) 漂白粉清塘　漂白粉遇水后能放出次氯酸，具有较强的杀菌和灭敌害生物的作用，一般用含有效氯30%左右的漂白粉。干池塘每亩用药4～5千克；带水清塘时，水深1米用12.5千克，先用木桶加水将药物溶解，立即全池遍洒，然后划动池水，使药物分布均匀，4～5天后药力消失，即可放养鱼种。

(3) 茶饼清塘　每亩用茶饼20～25千克。先将茶饼打碎成粉末，加水调匀后，遍洒。6～7天后药力消失，即可放养鱼种。

(4) 生石灰清塘　生石灰是常用的清塘消毒剂，使用生石灰消毒池塘，可迅速杀死敌害生物和病原体，如野杂鱼、各种水生昆虫和虫卵、螺类、青苔、寄生虫和病原菌及其孢子等，有除害灭病的作用。另外，生石灰与水反应，变成能疏松淤泥、改善底泥通气条件、加快底泥有机质分解

的碳酸钙，在碳酸钙的作用下，释放出被淤泥吸附的氮、磷、钾等营养素，改善水质，增强底泥的肥力，可让池水变肥，间接起到了施肥的作用。生石灰清塘可分为干法清塘和湿法清塘两种。

① 干法清塘。池塘在暴晒4～5天后进行消毒，生石灰的用量为每667米^2 30～50千克，直接泼洒到池底，泼洒之后加注新水，经过一周的时间，才能让锦鲤幼苗入池。

② 湿法清塘。养殖池中留水4～6厘米，在池中挖一些小坑，将生石灰放入小坑中用水溶化，生石灰化成浆后不等冷却，立即全池均匀泼洒，泼浇生石灰后第二天用铁耙翻耕池底淤泥。生石灰的用量为每亩100千克，清塘1周后药性消失，即可投放幼鲤。

（5）生石灰和漂白粉混合清塘消毒　一般水深在10厘米左右，每亩用生石灰50千克加漂白粉15千克溶水全池泼洒。

四、池塘的培肥

锦鲤的食性较杂，水体中的小动物、植物、浮游微生物、底栖动物及有机碎屑都是它的食物。但是作为幼鲤，最好的食物还是水体中的浮游生物，因此，在锦鲤养殖阶段，采取培肥水质、培养天然饵料生物的技术是养殖锦鲤的重要保证。

可在药物清塘5天后加注过滤的新水25厘米，每667米^{2}施有机肥150～250千克，用于培肥水质。用于培肥水质的肥料都是用有机肥来做基肥，每10天施发酵腐熟了的鸡粪400千克或猪牛人粪600～800千克，均匀撒在池内或集中堆放在鱼溜内，让其继续发酵腐化，以后视水质肥瘦适当施肥。待水色变黄绿色、透明度15～20厘米后，肉眼观察时以看不见池底泥土为宜，即可投放锦鲤鱼苗。过早施肥会生出许多大型的浮游动物，锦鲤苗种嘴小吞不下；过迟则浮游动物还没有生长，锦鲤苗种下塘以后就找不到足够的饵料。如果施肥得当、水肥适中，适口饵料就很丰富，锦鲤苗种下池以后，成活率就高，生长就快。

除施基肥外，还应根据水色，及时追肥。在施肥培肥水质时还有一点应引起养殖户的注意，我们建议最好是用有机肥进行培肥水质，在有机肥难以满足的情况下或者是池塘连片生产时，不可能有那么多的有机肥，也

可以施用化肥来培肥水质，只是化肥的肥效很快，培养的浮游生物消失得也很快，因此需要不断地进行施肥。生产实践表明，如果是施化肥时，可施过磷酸钙、尿素、碳铵等化肥，例如每立方米水可施氮素肥7克、磷肥1克。

五、锦鲤养殖用水的处理

在大规模池塘养殖锦鲤时，常常会涉及到循环用水，因此就必须对养殖用水进行科学处理。根据目前我国养殖锦鲤的现状来看，通过物理方法来对养殖用水进行处理是很好的，这些物理处理的方法包括通过栅栏、通过筛网、沉淀、过滤、挖掘移走底泥沉积物、进行水体深层暴气、定时进换水等工程性措施。

（1）栅栏的处理　栅栏用竹箔、网片制成。通常是将栅栏设置在锦鲤养殖区域水源进水口，目的是为了防止水中较大个体的鱼、虾类、漂浮物、悬浮物以及敌害生物进入养殖区域水体。

（2）筛网的处理　筛网一般会安置在水源进水口的栅栏一侧，作为幼体孵化用水，以防小型浮游动物进入孵化容器中残害幼体。对于那些利用工业废水来养殖锦鲤的，更要加以处理，也可用筛网清除废水中的粪便、残饵、悬浮物等有机物。

（3）利用沉淀的方法进行处理　在养殖上一般采用沉淀池沉淀，沉淀时间根据用水对象确定，通常需要沉淀48小时以上。

（4）进行过滤处理　过滤是使水通过具有空隙的粒状滤层，使微量残留的悬浮物被截留，从而使水质符合养殖标准。

六、合理密度

在饲养锦鲤之前，首先要考虑土池的大小及所能容纳锦鲤的尾数。锦鲤的观赏主要在于它华丽的色彩、刚健的体形、优雅的动作及群泳的美姿，而且须从锦鲤背面观赏即斜上方观赏，若从侧面观赏则逊色不少。要能完全满足这些条件，只有在庭园、公园或土池中饲养。土池饲养密度，要结合土池的大小、水量、水温、充氧状态、锦鲤体大小及生长情况等来调节。具体可以参考下表（表 4-2）：

表 4-2 锦鲤土池的饲养密度

土池面积/米^2	土池深度/厘米	锦鲤体长/厘米	锦鲤数量/尾
3.3	30～60	12～15	20～30
		25～30	5～10
5	30	12～20	10～15
10	30～60	30 左右	15～20
	50～100		10～20
15～20	50	15～20	30～40
		30	10～20
20～30	50～100	30 左右	20～30
			20～25
40～50	50～60	<30	30～40
	60～100	>30	20 左右
100	50～100	<30	50 左右
		>30	30～40
200	70～130	30	25～40
		45	10～15
		30	60～100
		45	40～50
		60	20～30

七、投饵

给锦鲤投饵时，最好投喂人工合成的颗粒饵料，另外，豆饼、菜饼、面包屑、鱼虫、水蚯蚓、活螺蛳、蛤、蟹肉、芜萍等也可。饵料的投喂量，一是按锦鲤体重的 1/5 左右，分几次投喂；二是从锦鲤的食欲情况，按锦鲤的吃食习惯搭设食台，遵照少量多次的办法，将饵料投放在食台上，夜间再将剩余的饵料取出来，以免污染水质。

锦鲤饵料的投喂时间，一般在 4～9 月间的上午 7 时以前投喂一次水蚤；其余月份，一般在上午 9 时投放水蚤。配合饵料如果按上述投喂时间投喂后，食台上饵料吃完了，再投放少量饵料，吃完再投，夜间取出。另外活螺蛳是很好的饵料，可略多投放一些，因吃剩的活螺蛳可留在水中啃

食水底和池壁附着的藻类及其他杂物，有清洁水质的作用。

第五节　池塘养殖锦鲤的日常管理

渔谚“三分养，七分管”，说明管理比饲养更重要。锦鲤是低等变温动物，它的生存，要有充足的氧气、适温范围、适当的活动范围以及清新的水环境等条件。能否养出经济价值和观赏价值均较高的锦鲤，在很大程度上取决于养殖者对投饵的原则和方法以及换水、添水等日常管理技巧的掌握和在各环节上的用心程度。在养殖锦鲤过程中的操作技术可以用“仔细、轻缓、谨慎、小心”八个字来概括。可以说掌握了养殖锦鲤操作技术的要领，就不会碰伤鱼体，从而就不会损坏锦鲤的形态美。

一、锦鲤的日常观察

在饲养过程中必须对锦鲤进行全面的观察，发现异常，及时采取相应措施。观察内容有水质变化、锦鲤浮动状态、水温、吃食情况、呼吸、粪便及体表是否异常等。

1. 观察锦鲤池中水质清洁卫生情况

锦鲤终生栖息于水中，水质的好坏直接影响锦鲤的生长发育、后代繁殖以及锦鲤的生命安全。水是锦鲤生存的基础，整个养殖过程都要保持锦鲤用水的清洁卫生，避免有毒物质或异物的污染。对漂浮的异物、池底沉淀的异物、变质的饲料、粪便等要清除干净。如果水被异物严重污染，要进行清池换水。同时根据实际污染的程度综合其他因素考虑对锦鲤池的刷洗和进行药物消毒，以确保锦鲤用水的清洁卫生。

2. 观察锦鲤用水的溶氧情况

室外锦鲤池中的溶氧量以 4 毫克/升为宜，如果溶氧量达到 5.5 毫克/升则更佳。如果实际溶氧量与此标准相差较大，锦鲤体内代谢状态会出现异常。一般来讲，气温、水中杂质、饲养密度、浮游动物以及水草是影响水

中溶氧的重要因素。气温越高，水中溶氧量越低；水中杂质过多，杂质分解会消耗水中的溶解氧；锦鲤放养密度过大，代谢耗氧量就大；水中浮游生物和水草夜间呼吸耗氧等，都会造成溶氧的不足。一般溶氧在3毫克/升以下，锦鲤就会浮头，长时间的浮头呼吸会造成锦鲤体内组织缺氧而窒息死亡。如果发现溶氧不足，要加注新水或开增氧机增氧。

3. 观察锦鲤用水的理化因子

测试水中pH值可用pH试纸，也可用锦鲤的活动来判断。水呈酸性时，锦鲤的呼吸速率降低，出现活动减慢、食欲差、生长停顿；碱性过大也会影响其生长甚至使其死亡。在饲养过程中用石灰水调节水的酸碱度。

4. 观察锦鲤的活动及吃食情况

锦鲤有集群活动和底层觅食的习惯，如发现锦鲤离群独栖或者游动姿态有异（如仰游、锦鲤体偏向一侧、头部下沉等），就可断定该锦鲤有异常，要及时处理。锦鲤吃食喜欢集群而动，投饵后，锦鲤立即数尾集群吃饵，此时如果发现有锦鲤对饵料不感兴趣，或吃吃停停，说明该锦鲤有异常，应仔细检查处理。

5. 观察锦鲤的精神、呼吸及粪便

锦鲤在游动时，眼睛有神并左右转动、游动自如，则为精神好；如果眼光呆板、游动迟缓或独处，则精神不好。如发现锦鲤鳃盖舒张与关闭无力或过分用力，说明呼吸困难，锦鲤浮出水面呼吸说明呼吸极度困难，其原因不是水中缺氧，就是锦鲤体内组织器官有病引起的呼吸困难，应区分情况采取相应措施。锦鲤的肛门括约肌不发达，收缩无力，不一定能很快地弄断粪便，因此常常看到锦鲤拖着一条粪便到处浮游，这是正常现象。锦鲤粪便因饲料不同其颜色不同。吃动物性饵料，粪便为灰黑色呈条状；吃植物性饵料，粪便为白色呈条状。如果发现锦鲤粪便为黄绿色稀粪沉于水底或排泄泡沫状粪便，说明消化系统异常，要及时诊断、果断处理。

6. 观察锦鲤的体表

锦鲤体表有鳞片覆盖，鳞片外有一层黏膜保护使之不受损害，如体表有损伤或有寄生虫等有害因素侵袭锦鲤体表而发病，要及时进行处理。

总之，锦鲤的日常观察工作是一项需要耐心细致、技术性和责任心强的工作，也是饲养锦鲤的基本常识，必须认真做好并持之以恒。

二、锦鲤池换水

锦鲤池换水时方法和步骤的正确与否，在某种程度上可以说是直接决定锦鲤生死存亡的关键之一。往往许多初养锦鲤人士养的锦鲤一次又一次地死去，其大多数原因就是不能正确地掌握换水方法。

锦鲤换水时首先要做好锦鲤池的卫生工作。锦鲤在水中的排泄物、吃剩的饵料、外界飘落异物等，常沉积在水中，经微生物分解发酵后容易使水质变坏。所以在换水前要把所有的异物清除，同时锦鲤的尿液以氨为主要成分，氨在水中对锦鲤有害，换水也是减少水中氨含量的措施之一。

换水时先将池水放掉一部分，将锦鲤捞入事先备好的容器内，再把全部污水放掉，同时彻底刷洗池四周沉积的污物，使污物排出。然后用消毒剂进行消毒（一般用5%的呋喃西林液），以杀死池中各种病原微生物。最后用自来水冲洗池内的消毒药物，洗净后加入储备用水至原池水位。

一般情况下不采取全部换水的方法。以防止因水质差异使锦鲤产生不适应而发生意外，同时捕捞时也容易发生锦鲤机械性损伤，给疾病侵袭锦鲤体以可乘之机。

三、锦鲤饵料的投喂方法

锦鲤的生长发育、能量消耗以及繁殖后代所需要的营养成分，要靠优质饵料提供。锦鲤的饵料投放要从锦鲤的实际需要出发，随时酌情、适量投喂，以免浪费饵料以及污染水质。

具体投喂方法见第四节“七、投饵”。

四、锦鲤的防冻保暖和防暑降温

锦鲤是变温动物，体温可随水温变化而变化，但其体温不能无休止地随水温任意变动。过冷或过热的天气，均影响锦鲤的生长发育。做好锦鲤的防冻保暖和防暑降温是养好锦鲤的重要环节。

1. 锦鲤的防冻保暖

在寒冷的气温下，要采取必要手段使锦鲤用水保持在适温范围内，至少不低于锦鲤能忍受的最低临界水温。锦鲤在10℃以下水温中，随水温降低，其活动量、吃饵量、新陈代谢的能力逐渐下降；当气温降至6℃以下时，锦鲤就停止吃食，活动量显著减小，体内代谢减弱；当水温在2～4℃时，锦鲤处于休眠状态，代谢已相当低，仅消耗少部分体内储存的营养来维持生命；如果水温长期低于零下4℃，可造成锦鲤死亡。寒冷季节、低温水环境中不仅影响锦鲤的生长发育，同时也影响其繁殖后代的数量与质量。因此，防冷保暖的措施之一就是防止寒风吹进池内，保持一定水深，减少新水刺激。日落后低于5℃时要遮盖芦帘，低于2℃时要遮盖草帘，第二天太阳出来后，水温加升，再将芦帘或草帘揭开。必要时将锦鲤移到室内越冬，或在池四周用加温办法提高水温，防止水面结冰。如有结冰，要将冰面弄碎并取出池外。在降雪天气，要加盖草帘，雪停后及时揭开，以防融雪水进入池中，大幅度降低水温，造成锦鲤死亡。同时在寒冷季节，要求放养密度不要过大，水质要清洁卫生。另外在入冬以前用质量好的水蚤喂养锦鲤，使锦鲤入冬前膘肥体壮，提高对低温的忍耐力。如果投喂人工饵料，在饵料中应适当增加一些脂肪性物质，以补充体内能量，提高锦鲤的耐寒力。

2. 锦鲤的防暑降温

在炎热的气温下，要使用必要手段使锦鲤用水水温尽可能接近适温范围，至少不超过锦鲤能耐受的最高临界温度。锦鲤的体质不同，对外界温度的忍耐力也不同，体质较弱的锦鲤，温度达28℃左右就感到不适，而体质壮的锦鲤温度在30℃都能忍耐。锦鲤在不同温度下生活，生理上会发生一系列的变化。当水温在10℃以上时，随温度的升高，锦鲤的活动量、食欲、体内消化酶的活力等都逐渐增强，新陈代谢加强。由于代谢加强活动量增大，体内氧气需要量增加，排泄物相应增多，再加上饵料残留水中，水质相对降低。气温越高，这种情况越严重。根据以上特点，锦鲤的防暑降温应采取以下措施：首先从物理方面着手。室外养殖池建设方向应坐北朝南，锦鲤园内空气要流通；适当提高水位，降低放养密度，勤换水，投喂精活的饵料；在锦鲤池上方2～2.5米高处，搭设凉棚架，太阳

出来后，凉棚架上铺上芦帘或草帘遮住阳光，太阳下山后，再把帘揭开，要防止太阳光直射锦鲤池水面；或者在池角栽种莲荷等水生植物，用以遮挡烈日，在太阳下山后，根据锦鲤状况和水质，进行锦鲤池水的更换；另外在锦鲤池中安装增氧装置，也是防暑降温的有力措施。另一方面从锦鲤本身着手。在炎热季节到来之前及酷暑期间，要增加锦鲤的抵抗力，要用适口性好、营养高的饵料喂锦鲤，促进锦鲤体壮力强。通常在每天清晨投喂，在早上5～7点完成，使锦鲤在清晨水温合适、食欲旺盛时，吃到营养高的适口水蚤，增强体质，增强抗暑能力。

五、不同季节的管理要点

1. 春季管理

3月中下旬，气温升至10℃左右时，锦鲤的活动能力逐渐恢复，这时强化管理对锦鲤恢复生机十分有利，管理恰当，锦鲤体质就会恢复得很快。锦鲤经越冬，体质都较弱，若管理欠妥易发病死亡。故管理重点应放在保温、适量投饵、防止锦鲤病上。

保温的主要措施是尽量用老水养锦鲤。放老水起保温和辅助饵料的作用，也有助于保持较高的水温。利用温暖的中午时间换水1次，彻底清除越冬期锦鲤池中积累的污物，使锦鲤池转入清洁舒适的环境中生活。

投饵一定要适量。每天清池时，仔细观察锦鲤的颜色和残饵的多少，以确定第二天的投饵量。锦鲤若消化良好、食欲旺盛，则可以逐渐增加投饵量，以加速体质的恢复和生长发育。

防病的重点要放在操作上，3～4月尽量少换水、少搬动，因为体质较弱的锦鲤在换水时容易受刺激而得病，最好是局部换水。要尽量避免因操作不慎碰伤鱼体，捞锦鲤时，一定要用网迎着锦鲤前进方面轻轻兜取，既准又快，这样才不易碰伤鱼体。反之，一直用网在锦鲤后追着捞取，网在水中有了阻力，用力追捕就易碰伤鱼体，从而为病菌的侵入提供了机会。对个体较大的怀卵雌锦鲤，最好带水捞取，以保证安全。

2. 夏季管理

这是锦鲤生长发育的旺季，这个季节，锦鲤活跃，很少得病。但气温

高达37～38℃时，水温也常达30℃以上，此时要警惕缺氧的威胁，要做好防暑降温工作。夏季锦鲤食欲十分旺盛，要提防喂得过饱。夏季也是锦鲤疾病流行季节，如发现懒游少食，离群独处，鱼鳍僵缩或鱼体出现白点、白膜、红斑、溃疡等情况，要隔离防治。

3. 秋季管理

此季节大部分时间的水温都在锦鲤的适温范围之内，是一年中锦鲤生长发育最旺盛的季节。这时管理的重点是喂足喂饱，适当增加饵料中脂肪和蛋白质等营养成分的比例，只要锦鲤吃得下、消化吸收好，要尽量投喂饵料，让锦鲤长得膘肥体壮，安全越冬。随着气温的下降，水温也渐低，换水的间隔时间也较夏季适当延长，尽量用老水养锦鲤，每天遮盖时间也渐渐缩短。

4. 冬季管理

入冬后必须准备好越冬的锦鲤房。越冬房要坐北朝南、背风向阳、透光保温。室内要有取暖设备，通电、通水。若为半地下式锦鲤房则更为理想。当气温降至接近0℃时，可将锦鲤自锦鲤池中移入木盆或陶缸里，搬至室内越冬；如室内有锦鲤池可直接移入池中，室内温度以保持在2～10℃为宜。这时锦鲤很少活动和摄食。管理重点是防寒保暖、适当投饵，尽量保持锦鲤不清瘦和不发病。操作时，要少捞少碰，防止体表损伤、出血、脱鳞，以杜绝水霉病、白点病的传播。

六、锦鲤色彩的强化培育

在室外养殖锦鲤具有生产速度快、养殖产量高、投入比较低的优点，但是它有一个致命的缺点，往往会影响锦鲤的品位和价格，许多锦鲤爱好者常常在这方面吃亏。这个缺点就是锦鲤的色彩达不到要求，尤其是达不到进出口的要求。

1. 色彩弱化的原因

根据广大渔友的实践经验和许多渔业专家的长期探索，一致认为造成锦鲤色彩弱化的原因主要有以下几点：

① 长期杂交或近亲繁殖造成锦鲤的种质退化，色彩弱化是其中很重要的一项。纯种锦鲤一般性状较优，例如个体较大、身材修长、色彩艳丽、特征鲜明。而长期近亲杂交或无序交配会导致杂交种或退化种大量产生，色彩及外形差别也较大。

② 水质不良导致色彩弱化。锦鲤在露天环境中，其饲水颜色有清水、绿水、老绿水、澄清水和褐色水的变化，如果水色变化得混沌、水质变得恶劣，会导致鱼的体色模糊、色彩单调，没有鲜艳的感觉。室外可以通过光照养成绿水，养好的水应该是发亮清澈，颜色稍微发绿，鱼的状态是自由自在的感觉，生成的色彩会更艳丽。

③ 饵料的原因导致色彩弱化。主要是饵料品种单调，锦鲤营养不良，不利于色素细胞的沉积，导致体色灰暗没有光泽。

2. 强化培育色彩的技术手段

强化色彩的培育，可以使锦鲤的色彩更鲜艳夺目、花色更丰富多彩，通常采取的技术手段主要有以下几点。

（1）科学繁殖　为了得到纯良的后代，在繁殖时要将不同品种的锦鲤按照繁殖的要求进行隔离养殖。具体有两种方法：①同品种雌雄混养。也就是将同一品种的多尾雌雄鱼合养在一个水族箱里，让它们自由交配以繁殖后代。②不同品种雌雄分离饲养。也就是分别将不同品种的雄鱼单独合养在一边，雌鱼单独合养在另一边，在繁殖的时候挑选合宜的雌雄鱼只合缸，以避免过度交配对亲鱼造成损害并可维持后代品系纯良。

（2）加强水质的培育　经常加注新水有利于刺激锦鲤鱼体变色；老水有利于颜色的稳定及加深；如果是池养，绿藻有利于增色；长期的澄清水也有利于体色的加深。

（3）饲料营养要合理　要保证动物性和植物性饵料的合理搭配，尤其是在使用配合饵料时，要添加增色剂。在幼鱼期，应给锦鲤多喂食一些营养丰富的动物性饵料，这样做不仅可以促使锦鲤体色艳丽，还可以增强锦鲤的体质。另外在投喂时要多喂一些螺旋藻，螺旋藻含有丰富的β胡萝卜素，对提高锦鲤体表鳞片的光泽、色彩是大有益处的。如果是自制饲料，在饲料中添加营养的做法就变得极其简单，可以直接向饲料中添加螺旋藻或是成品的维生素药品（19 维他或是 21 金维他），也可以添加其他增色剂，主要增色剂有以下几种：

① 海带粉：在饲料中可添加2%～3%的海带粉。

② 螺旋藻粉：在饲料中可添加1%～2%的螺旋藻粉。

③ 胡萝卜素：0.1%～0.5%的胡萝卜素有很好的增色效果。

④ 番瓜：在配合饲料中添加部分老番瓜可使锦鲤的体色增艳加深，添加量为0.5%左右。

⑤ 血粉：血粉含有丰富的血红素，是一种增色剂，添加量在0.5%～1%。

⑥ 虾红素：虾红素是一种效果很好的增色饲料，一般在饲料中添加0.1%～0.5%就可以了。

（4）加强小水体的培育　方法是在要出售锦鲤前的3个月左右，将锦鲤用网拉起，然后用20米^{2}左右的小水泥池进行专门培育，在培育过程中加强管理，投喂优质的饵料和增色剂，对水质进行人为调控，一般可达到目的。

第六节　锦鲤鱼苗的饲养

一、鱼苗的发育

初孵出的锦鲤苗外观呈细针状，在显微镜下观察全身透明，体表及眼球带有色素。刚孵出的锦鲤苗用嘴吸附在池边或产卵巢上，没有平行游动能力，只能短暂地垂直游动，其营养全靠卵黄囊提供。卵黄囊逐渐被锦鲤苗吸收而缩小，2～3天后消失。这时，锦鲤苗的口和鳍先后发育完全，体内各器官逐渐分化趋于完善，鳔逐渐充气，体色转深灰，身体也强壮了，可以平行游动了，选择晴天，将产卵巢取出。取出产卵巢的时机要掌握好，过早取出，锦鲤苗不够健壮，有死亡危险；过迟取出，产卵巢上腐败的卵会影响水质。因此，通常在锦鲤苗出膜后，如水温较高，2～3天后取出产卵巢；水温低时，3～4天后取出产卵巢；如果是梅雨季节产的卵，产卵巢取出时间可适当延长。

二、鱼池的选择

鱼池要求水源充足、水质清新、注排水方便；池形整齐，面积334～667米^2（0.5～1亩）为宜，水深保持在40～80厘米，前期浅、后期深；池底平坦，淤泥深10厘米左右，池底、池边无杂草；在出水口处设一个长方形集鱼涵以利于鱼苗集中捕捞；池堤牢固，不漏水；周围环境良好，向阳，光照充足；池塘水质混浊度小，pH值7～8，溶氧量在5毫克/升以上，透明度为30～40厘米；认真做好鱼苗培育池的清理与消毒工作；进、排水系统齐全，形状以东西长于南北的长方形为好。

三、清池

放养鱼苗前对水泥池和土池都须进行清塘处理。目的是杀灭潜伏的细菌性病原体、寄生虫、对鱼不利的水生生物（青泥苔、水草）、水生昆虫和蝌蚪等敌害生物，减少鱼苗病虫害发生和敌害生物的伤害。

1. 水泥池清池

先注入少量水，用毛刷带水洗刷全池各处，再用清水冲洗干净后，注入新水，用10毫克/升漂白粉溶液或10毫克/升高锰酸钾溶液泼洒全池，浸泡5～7天后即可放鱼使用。新建的水泥池必须先用硫代硫酸钠先进行“脱碱”，并经15天后试水确认无毒时才能放养鱼苗。

2. 土池清塘

清塘在放养鱼苗前7～10天进行。将坑塘水排干，挖去淤泥，然后用生石灰或漂白粉消毒。按每667米^{2}60～75千克生石灰分放入小坑中，注水溶化成石灰浆水，将其均匀泼洒全池。再用泥耙推动池底淤泥，将石灰浆水与泥浆搅匀混合，以增强效果，进一步消除淤泥中的敌害。次日注入新水，7～10天后即可放养。用生石灰清塘，可清除病原菌和敌害，减少疾病，还有澄清池水、增加池底通气条件、稳定水中酸碱度和改良土壤的作用。

另一种方法是用漂白粉溶入水中全池泼洒，使池水含药量为 2 毫克/千克，泼完后，用竹竿在池中搅拌，使药水在池中均匀分布。第二天用泥耙推动池底淤泥的方法也能彻底对坑塘进行消毒。用生石灰、漂白粉交替清塘（每 667 米^2 用生石灰 75 千克、漂白粉 6～7 千克）比单独使用漂白粉或生石灰清塘效果好。

锦鲤苗放养前一天，同样要用夏花鱼网拉网 1～2 次，除掉池中的蛙和蛙卵、水生昆虫等锦鲤苗的敌害。

四、土池施肥

在仔鱼下塘前 5～7 天即向土池注入新水，注水深度 40～50 厘米。注水时应在进水口用 60～80 目绢网过滤，严防野杂鱼、小虾、卵和有害水生昆虫进入。早期鱼苗期除了定期投饵外，幼小的锦鲤苗靠摄食天然饵料来进行生长发育。如池塘水肥力不够，浮游生物不足，就会影响锦鲤生长，需要施肥，施肥量是根据天气、水温、水色、浮游生物生长量和鱼苗生长情况而定的。施基肥的目的是使仔鱼下塘后能吃到丰富的适口饵料——轮虫等浮游动物。基肥为腐熟的鸡、鸭、猪和牛粪等，施肥量为每亩 150～200 千克。施肥后 3～4 天即出现轮虫的高峰期，并可持续 3～5 天。以后视水质肥瘦、鱼苗生长状况和天气情况适量施追肥。池水颜色以菜绿色为好，水面清净无杂物。肥料要均匀泼洒全池，这样就预先为锦鲤苗准备了丰富的食料。施基肥不宜过早，早施肥容易培养出大的水蚤，使鲤苗吞不下；施肥也不宜过迟，否则，锦鲤苗下塘后，没有活饵料供它们吞食。

五、锦鲤苗的喂养

在锦鲤苗腹部的卵黄囊营养没有吸收完以前，不用投喂任何饵料。在锦鲤苗体内鳔未充气前，锦鲤苗不能平行游动，这时要防止池内水域过分振动，如在锦鲤苗期要防止暴风雨冲击孵化池，以免造成锦鲤鱼苗从产卵巢或池壁上脱落沉到池底而死亡。在锦鲤苗孵化 2～3 天后卵黄囊消失，开始喂食，可喂一些煮熟的蛋黄。每天上午 9 时和 10 时各喂 1 次，开始锦鲤苗食量很小，投喂方法是将煮熟的蛋黄用纱布包好，将蛋黄轻轻揉挤

弄碎，再将纱布包着蛋黄在水面轻轻摆动，边摆边移动位置，使蛋黄细小颗粒通过纱布孔呈云雾状均匀地悬浮在锦鲤苗池的水中，一个蛋黄大约可喂4万～5万锦鲤苗。也有采取喂蛋黄水的，其方法是将50克熟蛋黄调5千克自来水，用纱布过滤后的蛋黄水可喂20万尾锦鲤苗。蛋黄水投喂过多会影响水质。锦鲤苗喂蛋黄后生长很快，约10天就可吞食小水蚤了。此时即可停止喂蛋黄，改喂活的水蚤或轮虫。

六、鱼苗放养密度

坑塘消毒后，在使用前，必须对池水进行毒性消除的测试，证明毒性消失，才能投苗养殖。其测试方法是先将池水底部搅拌一下，使底层池水翻起，用盆盛入池水置于阴凉处，先放几尾小锦鲤鱼苗，饲养2～3天，如小鱼没有死，证明毒性消除，是安全的，就可用于养殖锦鲤鱼苗了。

锦鲤夏花培育要求较高的技术水平及严格的管理措施，其生产指标为：成活率在80%～95%、鱼体健壮、无病害、规格整齐。

锦鲤放养密度以每667米^2 2.5万～3万尾为宜，不宜搭配其他鱼类，一般以单养为好。

七、池塘培育鱼苗的方式

1. 豆浆培育法

在水温25℃左右时，将黄豆浸泡5～7个小时（黄豆的2片子叶中间微凹时出浆率最高），然后磨成浆。一般每1.5千克黄豆可磨成25千克的豆浆。豆浆磨好后应立即滤出渣，及时泼洒，不可搁置太久，以防产生沉淀，影响效果。

豆浆可以直接被鱼苗摄食，但其大部分沉于池底作为肥料培养浮游动物。因此，豆浆最好采取少量多次均匀泼洒的方法，泼洒时要求池面每个角落都要泼到，以保证鱼苗吃食均匀。一般每天泼洒2～3次，每次每667米^{2}用黄豆3～4千克，5天后增至5千克。

豆浆培育鱼苗方法简单，水质肥而稳定，夏花体质强壮，但消耗黄豆

较多。

2. 大草培育法

在鱼苗放养前5～10天，将扎成束的大草按每亩200～250千克分堆堆放在池边向阳浅水滩处，使其淹没水中，任其腐烂，每隔3～4天堆放1次。对堆放的大草应每隔1～2天翻动1次，促其肥分扩散，1周后逐渐将不易腐烂的枝叶捞出。浮游动物在施入大草后繁殖很快，鱼苗下塘后生长较快。一般每667米^{2}池塘在鱼苗培育期间约需用大草1300千克。培育后期若发现鱼苗生长减慢，可增投商品饵料，每667米^{2}每天投喂1.5～2.5千克。

3. 粪肥培育法

利用各种粪肥培育鱼苗时，最好预先经过发酵，滤去渣滓。这样既可以使肥效快速、稳定，又利于减少疾病的发生。

鱼苗下塘后应每天施肥1次，每667米^2 50～100千克，将粪肥对水向池中均匀泼洒。培育期间施肥量和间隙时间必须视水质、天气和鱼苗浮头情况灵活掌握。水色以褐绿和油绿为好，肥而带爽为宜，如水质过浓或鱼苗浮头时间长，则应适当减少施肥，并及时注水。如水质变黑或天气变化不正常时应特别注意，除及时注水外还应注意观察，防止泛池事故发生。

4. 有机肥料和豆浆混合培育法

这是一种将粪肥或大草和豆浆相结合的混合培育方法，此法已在我国各地普遍采用。其技术关键是：

① 施足基肥。鱼苗下塘前5～7天，每667米^{2}施有机肥250～300千克，培育浮游生物。

② 泼洒豆浆。鱼苗下塘后每天每667米^{2}泼洒2～3千克黄豆磨成的豆浆。下塘10天鱼体长大后，需增投豆饼糊或其他精饲料，豆浆的泼洒量亦需相应增加。

③ 适时追肥。一般每3～5天追施有机肥160～180千克。

此种方法集国内诸法的优点，使鱼苗下塘后既有适口的天然饵料，同

时又辅助投喂人工饲料，使鱼苗一直处于快速生长状态。在饲肥利用上亦比较合理与适量，方法灵活，便于掌握，成本适当，因而被各地普遍使用。

八、日常管理

1. 遮阳

根据锦鲤鱼苗有显著的畏光性和集群性的生物学特性，池塘水质需有一定的肥度，透明度不宜过大，否则应在池塘深水处设置面积 5～10 米^{2}的遮盖物（遮阳布、竹席、芦苇、石棉瓦等）。

2. 分期注水

鱼苗下塘时控制池水水深为 50～60 厘米，经过 1 周的养殖后，每隔 3～5 天加水 1 次，每次 10～15 厘米，加水时注意注水口应用密布网过滤，严防野杂鱼进入。一般鱼苗培育期间加水 3～5 次，待夏花出塘时池塘水深应保持在 1.0～1.2 米为宜。

3. 及时换水

锦鲤苗孵出来后，水仍没有调换，而每天吃剩下的蛋黄和死水蚤积存于水中，日久会腐败，水渐渐污浊。再加上孳生青苔，青苔长满容器四壁或悬浮于水中，锦鲤苗游动时常被缠绕，因此锦鲤苗饲养过程中也要及时换水，保持水质清洁，同时也要防止锦鲤苗饲养密度过大影响生长发育。锦鲤苗的换水通常采取脱水的方法，即换水时连锦鲤苗带比较清的老水一起倒入新水中，脱水的幼作一定要轻、慢。

第一次脱水一般在鱼苗孵出 10～15 天后进行。其方法是：脱水前先准备好清水，要注意新水与老水的水温及其他条件要相近，水温差异要保持在±1～2℃之内，否则锦鲤苗会因温差太大而休克，浮在水面，即使是当时不死，以后也会陆续死亡。清水准备好后，盛在备好的容器内，用盆把锦鲤苗带水舀起，使盆口入水倾斜，让锦鲤苗自由游动，动作力求轻而缓慢，直到锦鲤苗全部被换到新水中为止。然后将孵化池下层的污水和沉积物清除掉，进行药物消毒。

4. 巡塘管理

每天巡池时，要注意鱼苗的摄食与分布状况。鱼苗白天一般不做远距离游动，喜集群于池壁凹陷处或躲在池底石块、池边的陆草遮光处等障碍物的背阴处，悠闲地颤动其尾巴。夜晚则分散于整个水体四处游动，每天清晨与黄昏是它们活动高峰期。锦鲤苗种池的溶氧量一般应维持在 5 毫克/升以上，否则易发生浮头、泛池事故。

5. 施肥

鱼苗培育池的施肥应做到“基肥要充足，追肥要及时”的原则。鱼苗下塘后应密切注意池塘水质状况，及时少量勤施追肥，保持池中有一定量的天然饵料供鱼苗摄食。一般每天每 667 米^2 约施 50～100 千克猪粪或人粪，以维持水的肥度。

6. 投饵

① 定时：精饲料要求在上午 8～10 时、下午 2～4 时两次投喂。

② 定位：为了减少饲料在泼洒时沉落池底造成的浪费，鱼种培育池中一定要搭食台，按每 3000 尾鱼种设 1 米^2 食台，精饲料应投放在饲料台上。

③ 定质：精饲料不得霉烂变质，加工时应磨细，最好根据鱼体需要配制成颗粒饲料或全价饲料。

④ 定量：精饲料每次投喂后以 1～2 小时吃完为宜。总之，投饵应在量的方面做到适量、均匀。但在阴雨天及天气突变时，以及鱼病多发季节要酌情减少。

7. 防病

鱼病防治工作在当前养鱼生产中已越来越重要，不少地区鱼病蔓延严重。抓好鱼病防治工作必须从做好“三消防病措施”开始，即池塘消毒、鱼种消毒、食场消毒。

九、夏花分塘

鱼苗经过 20～25 天的培育，长到全长约 3 厘米时，需要进行苗种分

池，以便继续培育大规格鱼种或直接进行成鱼养殖。一般先用拉网多拉几次，尽可能地用网捕起，以减少对鱼苗鱼种的伤害。最后采用干池捕捉进行分塘，其方法是将池水排干，只保留出水口池底深处10～15厘米深水位，便于鱼苗集中在一起，用抄网将鱼苗捞起来。出塘的鱼苗直接进入网箱或流水泥池中暂养几个小时，目的是增强幼鱼体质，提高出池和运输的成活率。拉网牵捕要在鱼不浮头时进行，一般以晴天上午九点钟以后、下午两点钟以前为好。起网时带水将鱼赶入捆箱内，清除黏液、杂物，让鱼种适应后就过数分养。

第七节　锦鲤鱼种的饲养

一、锦鲤鱼种池的选择

面积334～667米^2，水深保持80～120厘米，其他条件和锦鲤苗池相同。

二、肥料和锦鲤池消毒方法

和锦鲤苗池相同。

三、夏花锦鲤放养前的准备工作

在放养前7～10天，先施基肥一次，施肥量是按每立方米放肥0.75千克计算。施肥宜早，因为夏花锦鲤的个体较大，能够吞食各种大型水蚤。事先准备好丰盛的食料，可以加速锦鲤的生长。

四、放养的密度

每667米^{2}水面放养2.5万～3万尾。

五、施肥方法

施肥量每立方米水中施 300～500 克，可以隔一天或数天施肥一次。随着锦鲤的生长，可以适当注入清水，逐渐增加鱼池深度，待鱼种达到 3.3 厘米左右，除了施肥以外，应该投喂豆饼（菜饼）浆，每 667 米^{2}5～10 斤（干重）。其他饲养管理和锦鲤苗的饲养相同。

通常经过 15～20 天，夏花锦鲤全长达到 3.3～5 厘米就可以全部捕起，按大小不同分开，重新进行大鱼种（冬片锦鲤种）的饲养，当然在分塘前不要忘了优质苗种的选别。

夏花锦鲤种一般的成活率为 60%～70%。

第八节　锦鲤大规格鱼种的饲养

一般夏花鱼种培育后就可以进入大池养殖了，有时为了第二年的养殖需要，可以进行大规格鱼种的饲养。

一、鱼种池的选择

鱼种池的面积为 667～3300 米^2 为宜，水深保持 100～150 厘米，其他条件和锦鲤苗种池相同。

二、施肥

为了提高池塘的肥力，促进浮游生物的繁殖，加快锦鲤的生长发育，就需要科学施肥，主要是施追肥。施肥量是根据天气、水温、水色、浮游生长量和鱼苗生长情况而定的。池水颜色以菜绿色为好，水面清净无杂物。施肥量每立方米水中放 500 克，如果遇到长期阴雨天气，池中有机肥料分解慢，浮游生物不够丰富时，可以补施化肥。每平方米水面投放硫酸铵或尿素 75～150 克、过磷酸钙 35～75 克，以提高池水的肥力。

三、放养密度

每 667 米^2 水面放养 1 万尾。

四、投喂

投喂要求见第六节“八、日常管理”“6. 投饵”部分内容。

五、养成标准

养成规格为 10～13.2 厘米。大锦鲤种的成活率 80%以上。

第九节　锦鲤亲鱼的饲养

一、亲鱼池的选择

亲鱼池以 334～667 米^2、水深保持 1.5～2 米为宜。

二、放养的密度

每 667 米^2 亲鲤体重以不超过 100 千克为宜，不宜过多。

三、雌雄专塘分养

雌鲤、雄鲤可按大小不同分塘饲养。

四、亲鱼的挑选

首先要挑选体格健壮、鳞片完全、鳍条完整无缺、没有病状的亲

鲤。其次，要挑选品种特征显著的锦鲤亲鱼，如荷包红鲤，团鲤要挑选短体形、颜色鲜艳的亲鱼，镜鲤则要挑选大鳞片排列整齐的个体。

第十节　观赏性大型锦鲤的饲养

一、放养水体

1. 庭院中的小鱼池和公园里的人工河

庭院中的小鱼池和公园里的人工河经常有些缓流水的水域，每立方米水体可放锦鲤 3～4 尾。没有流水的条件，应该经常注入清水，否则由于单细胞藻类大量繁殖，池水（河水）很快变成绿色，有碍观赏。最好是各种不同品种、不同颜色的锦鲤混养。

2. 荷花池和睡莲池

根据荷花池和睡莲池的大小，选放大型锦鲤。每立方米水体放大锦鲤 1～2 尾。

二、饲养方法

在小池和人工河等水体饲养锦鲤时，投喂一些活的螺蛳让锦鲤自行摄食。吃剩下的活螺能起澄清水质的作用。每隔一段时间，在水中吊挂一块干豆饼，让锦鲤自由取食。

三、管理措施

观赏性大锦鲤的一些日常管理以及四季不同的管理要点请见本章的相关内容。

第十一节　常见几种锦鲤的饲养方法

一、红白锦鲤的饲养

要想使红白锦鲤长得较大，必须把它放养在较大的池塘中，因为养殖密度过大，会抑制其生长，此点必须要注意。红白锦鲤食性杂，对天然饲料和人工饲料都能接受，注意每次投喂饵料数量不宜过多，以免取食不尽而污染水质。为了省事，也可以使用专用饲料进行喂养，这样既简便，也能减少肠炎等疾病的发生。注意不要使红白锦鲤的生活环境过于荫蔽，适当的日光照射对保证红白锦鲤的正常生长十分重要，特别是在冬季低温时节更是如此。在炎热的夏季，太阳的持续照射会使水温上升，如果饲养水体较小，则不利于锦鲤的生长，应该采取遮阳等措施予以降温。红白锦鲤对温度变化的适应性较强，它在18～24℃的温度范围内生长较好。红白锦鲤有较强的抗逆性，在良好的管理下，通常不易生病，也很少受到寄生虫的侵袭。

二、昭和锦鲤的饲养

昭和锦鲤可在小型池塘中饲养；用于室内装饰时，也可放养在大型水族箱中。注意保持水体的清洁，如果使用绿水饲养效果更好。食性杂，对天然饲料和人工饲料都能接受。每年6～9月是昭和锦鲤食欲十分旺盛的阶段，应该每天上午、傍晚各投喂一次。生长阶段避免浮头现象发生，特别是在夏季高温时节，要防止出现泛池。随着秋季气温的下降，可将喂食的次数减少到每日一次，当水温降到7℃以下时停止喂食。冬季可于室外越冬，如果环境温暖，它也能继续以较快的速度生长。应该保证每天能够有数小时的直射日光，这对其生长发育颇有好处。随着鱼体的长大，其对疾病的抵抗力逐渐加强。在良好的管理条件下，昭和锦鲤较少患病，但有时会受到多子小瓜虫、锚头蚤的侵袭。

三、丹顶锦鲤的饲养

丹顶锦鲤最好是在小型水泥池中饲养，如果进行室内装饰，也可临时放养在大型水族箱里。应该经常保持水体的清洁，如果使用绿水饲养效果更好。可以投喂动物性饵料，例如蚯蚓、小虾、蜗牛、蝇蛆、水蚤等，人工饲料亦可。每次喂食的量应控制在锦鲤体重的3%～5%间。夏秋二季丹顶锦鲤的食欲旺盛，可适当多投饵；冬春低温阶段，应该控制投饵数量。夏秋季高温时节，容易出现浮头应该注意增氧处理。可使它每天能够接受适量的直射阳光，冬春低温时节，光照的时间还要延长，这对提高丹顶锦鲤的抗病能力很有好处。冬季可于室外越冬，如果环境温暖，它依然能以较快速度继续生长。在管理不当的情况下，丹顶锦鲤易患竖鳞病，偶尔会受到多子小瓜虫、锚头蚤的侵袭。

四、别光锦鲤的饲养

作为大型的锦鲤，别光锦鲤最好饲养在池塘中，因为只有这样，才能保证它长得较大。在实际饲养中，应该保证水中有足够的浮游生物，可以使用人工饲料进行喂养，最好是每周投喂2～3次水蚤等活食，这样对于保证其正常发育很有好处。别光锦鲤对氧气的需要量较大，在夏秋高温时节，如果出现浮头，应及时采取增氧措施进行处理。应该保证饲养地点每天接受2～3小时的日光照射，这对提高水中的溶氧量、抑制某些疾病的发生、保证体色正常十分重要。在一般情况下，只要精心照料，别光锦鲤的成鱼不太容易患病，亦很少受到寄生虫的侵袭。

五、银鳞锦鲤的饲养

银鳞锦鲤最好在小型池塘中饲养。如果水体泛绿，不仅有益于它的生长，而且有助于提高观赏效果。可经常投喂动物性饲料，例如蚯蚓、小虾、蜗牛等，用人工饲料投喂效果也很好，喂食的量应加以控制，以锦鲤体重的3%～5%为宜。夏秋二季银鳞锦鲤的食欲较好，可适当多喂；冬春低温时节，应该控制投喂次数。夏季高温时节，发现浮头应及时处理。

最好让它每天能够接受数小时的直射阳光。冬季可于室外越冬，如果环境温暖，它依然能够较快地继续生长。如果管理良好，银鳞的成鱼很少患病，亦不会受到有害动物的侵袭。

六、黄金锦鲤的饲养

黄金锦鲤最好在水泥池里饲养，以保证其能够达到足够的体长，但是为了满足室内观赏的需要，也可把其放养在水族箱中。黄金锦鲤喜食动物性饲料，可投喂水蚤、水蚯蚓等活食，也可投喂人工饲料。每年6～9月是黄金锦鲤食欲十分旺盛的阶段，应该每天上午、傍晚各投喂一次。随着秋季气温的下降，可将喂食的次数减少到每日一次，当水温降到7℃以下时停止喂食。由于体形较大，对于氧气的需求量较多，因此一旦出现浮头，要立即进行增氧处理。应该保证饲养水域每天能够接受数小时的直射日光，这在冬季尤为重要，但是夏季高温时节，却要为其进行遮阳。冬季可于室外越冬，北方当池塘结冰时，注意为其破冰透气增氧。黄金锦鲤的锦鲤成鱼抗逆性较强，但有时会患肠炎等疾病，在其幼小时，容易受到多子小瓜虫、水螅等有害动物侵袭。

七、衣锦鲤的饲养

可以在小型池塘中饲养衣锦鲤。如果水中有较多的浮游生物，则对它的生长很有好处。可投喂以动物性饲料，例如蚯蚓、小虾、蜗牛等，亦可使用人工饲料，衣锦鲤喂食的量要控制在鱼体重量的3%～5%间。夏秋二季它的食量较大，可适当多喂；冬春低温时节，要减少投喂次数。夏季高温时节，在水中缺氧的情况下，衣锦鲤容易出现浮头，应该及时增氧处理。最好让它每天能够接受几个小时的阳光照射，这在天气寒冷时尤为重要。冬季可于室外越冬，如果环境温暖，它依然能够继续生长。如果管理得当，通常衣锦鲤的成鱼不易患病，亦很少受到有害动物的侵袭。

八、秋翠锦鲤的饲养

可以在小型池塘中饲养秋翠锦鲤，最好在静水中饲养，如果在流水中

饲养，其体色就会变得暗淡，观赏价值就会降低。如果水中有较多的浮游生物，则对它的生长很有好处。可投喂以动物性饲料，例如螺蛳、小虾等，亦可使用人工饲料，秋翠锦鲤喂食的重量要控制在锦鲤体重的3%～5%间。夏秋二季它的食量较大，可适当多喂；冬春低温时节，要减少投喂次数。夏季高温时节，在水中缺氧的情况下，秋翠锦鲤容易出现浮头，应该及时处理。最好让它每天能够接受数小时的阳光照射，这在天气寒冷时尤为重要。冬季可于室外越冬，如果环境温暖，它依然能够继续生长。如果管理得当，通常秋翠锦鲤的成鱼不易患病，亦很少受到有害动物的侵袭。

九、写鲤的饲养

为了使写鲤能够正常发育，最好随着小锦鲤的不断长大而逐渐调整其饲养容器。如果仅饲养在面积不大的瓦盆中，则很难长到相当的长度。当写鲤达到30～40厘米时，应该把它投放在水泥池中，以保证足够的饲养面积。写鲤食性杂，如果能够经常提供水蚤等动物性饲料，则生长茁壮，用人工饲料喂养效果也很好。注意投喂饵料数量不宜过多，以免取食不尽而污染水质。当然投喂专用饲料最好，既简化了操作，又能减少肠炎等疾病的发生。这种锦鲤由于体形较大，因此需氧量也较多。在夏秋高温时节，要经常观察是否缺氧。最好能够使它每天接受2～3小时的日光照射，这对保证其体色纯正十分重要。冬季可于室外越冬，如果在塑料大棚的水泥池内饲养，并将温度控制在15～25℃间，则能够保证它能以很快的速度生长。写鲤的成鱼抗逆性较强，偶尔会患肠炎等疾病，幼小写鲤容易受到多子小瓜虫、龙虱等有害动物的侵袭。

第十二节　锦鲤的选别

一、选别的意义

锦鲤苗孵化后，因生长发育快慢不同，容易发生自相吞食的危险。同

时锦鲤的变异性大，即使是纯种交配，繁殖的后代也是多种多样的，即有和亲本相同的，也有完全不同于亲本的中间型和残缺不全的次等锦鲤。因此，锦鲤培育的成败，关键在于锦鲤苗种饲养过程中，选别工作是否及时。所谓选别就是设法尽早将那些劣质锦鲤选出淘汰，以保护良质锦鲤，也就是选出带有优良种鲤血统的优质锦鲤稚鱼的作业，这个作业是专业的锦鲤场所必做的工作。因为锦鲤的发育非常不一致，虽然是同在一池内生长，经过两个月，有的可以长至 10 厘米，有的却只有 2 厘米大小。而且总是越优质的锦鲤稚鱼体形会越小，因为素质良好的锦鲤通常体质较弱且生长慢，争不过体健生长快的劣质鲤。所以为了保证较质优的锦鲤稚鱼正常发育，就必须及早进行选别工作。

二、选别工具及场所

一般来说，选别大多是在 7～8 月酷夏时进行，所以一定要选择阴凉的地方，否则一次选别耗费一日，往往会让锦鲤稚鱼受不了高温甚至死亡。不要忘记在选别的前一天就要停止喂食。

选别方法有许多种，在此简单介绍一种：首先准备一个大约 1 米^2 大小的选别箱或面盆，选别箱里铺着网，底部充分保持水流畅通，锦鲤网浮在水面下，然后再将锦鲤稚鱼捞出放入选别箱的网内，再用小手网一尾一尾捞上来选别，以分辨其好坏。因为锦鲤场拥有较专业的技术人员，所以大多是以手抓取来选别，不过一般玩家最好选用手操网来操作（图 4-10）。

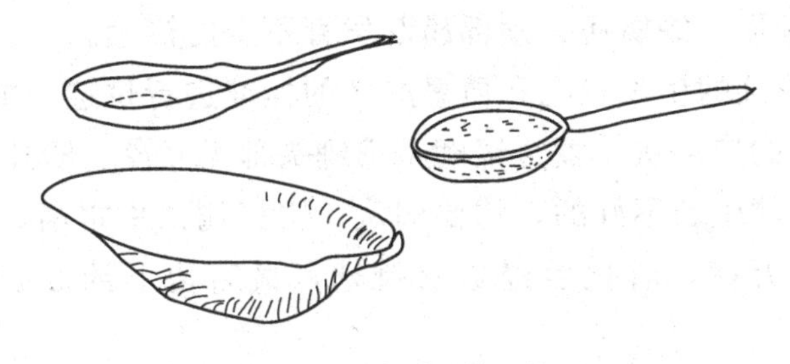

图 4-10　选别用的工具

锦鲤稚鱼筛选过后就要依锦鲤的尺寸大小来放养，因此还需准备一个网目由大逐渐变小的选别箱。当我们将选出来要保留的锦鲤放进去后，越小的锦鲤就会漏到更细的网中，这样就可以轻易地依锦鲤稚鱼大小来加以分类。对专业的锦鲤场而言，这是必需的步骤，这样才能达到分开饲养和选别的目的，切实掌握生长品质及状况。

三、常规选别法

随着锦鲤的生长，鱼体各部分的发育已初具雏形，这时应及时进行选择，其原则是留优去劣，目的是减少饵料和设备的浪费，更是为了精心培育优质锦鲤而必须做的一项工作。因此说锦鲤苗种的培育过程是一个择优汰劣的过程，是一个多次选择培育的过程。选择过程一般在锦鲤仔鱼孵出后的3个月内进行3～4次。

(1) 第一次挑选　在锦鲤仔鱼孵出后的20～30天内进行。当锦鲤幼鱼长到2～3厘米时，必须根据锦鲤体的优劣进行第一次挑选。主要是选留体质健壮、游动活泼、品种特征明显的个体，其他个体淘汰掉，或另行培育出售。但因品种不同，其生长速度和形成斑纹的时间也不相同，例如，昭和三色锦鲤在孵化后15天左右开始挑选，黄金锦鲤类锦鲤则从孵化后50天左右开始，红白锦鲤系列和大正三色锦鲤系列从孵出后60天左右开始。

(2) 第二次挑选　在第一次挑选后20天左右开始。选择标准为鳍形的好坏，色彩鲜艳与否，图案斑纹是否清晰，品种特征是否明显，等。

此后的第三、第四次挑选标准与第二次挑选基本相同。

锦鲤幼鱼的挑选，因为品种不同而有差异，大致上挑选的要点有两条。

① 去掉畸形、鳍腐病、颌部昂起发育不全的锦鲤。

② 依照花纹的生长状况和质量好坏的标准进行挑选。如红白系锦鲤，红斑纹颜色淡的应淘汰；黄金锦鲤系锦鲤头部无光泽、鳞片覆盖不好、鱼体杂斑多、胸鳍生长不好的，均要淘汰。锦鲤淘汰率很高，1尾锦鲤亲鱼产20万～40万卵，孵化后经数次挑选，最后留下约5000尾大锦鲤是常事。

四、御三家的选别方法及技巧

选别通常是在孵化后1～3个月之间进行3～4次，依种类选别时间不同，一般是锦鲤稚鱼约5厘米长时，进行第一次选别。第一次选别是去掉

畸形、变形或是全黑色、白无地、赤无地等。总而言之，每一个选别阶段都有重点，而畸形、发育明显不良、体形有变异的情形是只要看到就必须立即淘汰的。

专业的养殖者比一般爱好者还早开始进行选别工作，因为专业的养殖者熟能生巧，经验的累积使他们能胸有成竹地进行选别工作。以下就列出御三家——红白、大正三色、昭和三色锦鲤的选别方法及技巧。

1. 红白的选别

对业余的爱好者来说，红白最好有四次的选别。第一次在孵化后的50～60天体长约火柴棒长时进行。第一次选别由于色彩尚无法分辨好坏，所以只能做模样的筛选。对于所谓的白棒、红棒或近似的锦鲤稚鱼都要给以淘汰，不过腹白的锦鲤稚鱼在这个阶段还是先保留下来。

第二次选别是在第一次选别过后15天左右，这时锦鲤的模样已明显显示出来了，所以可以大胆淘汰做选留。另外体形及锦鲤身上的缺陷也可轻易看出，如此才能使留下来的成为精品，以提高养殖成功的概率。

第三次选别是在第二次选别过后的15～20天进行。在此次一定要淘汰掉白棒、红棒等锦鲤，也必须将没有形成斑纹的、不可能现出模样的、发育不佳的以及绯红较薄的一律选出淘汰。

在第三次选别后的20～30天后，就可以进行第四次的选别，这时红白锦鲤的模样已完全呈现出来，色调方面也有了衡量的基准。这时对单调的一条红要删掉，不过对可能成为丹顶的一条红则必须加以保留。

2. 大正三色的选别

大正三色的选别可以比红白提早一些，而且此种类最好一开始就采取严格筛选的方法。第一次选别后只留下1/3即可，查看的重点是先看墨的主体，再看红斑纹。一般来说，优质的大正三色，必须有典雅美丽的红斑，所以在第二次选别以后，必须更加仔细地察看红斑纹。虽然大正三色的红斑挑选标准不如红白那般苛刻，但毕竟大正三色是由红斑与墨斑在白底皮肤上所排列的模样，所以红纹左右锦鲤整体的鉴赏。

墨质的评定不要用个体的差别而须用整体的倾向做基准，也就是说较淡的墨容易淡化，较黑的墨会变得更黑，这是一般的认识。

至于红质的好坏，看锦鲤肚子就知道：腹部白的锦鲤红质就不差，反之如果锦鲤腹部浑浊不清，其红质也混沌不清。别光锦鲤类由于是三色演变而来，因此在选别时很难辨别好坏。白别光锦鲤的白底非常重要。红别光锦鲤则注重红质部分，倘若红质不强，则会影响到它的墨质，也会显得缺乏魅力。

3. 昭和三色的选别

昭和三色通常在孵化后一星期内就可以分辨出白仔与黑仔，不过对业余爱好者而言，第一次的选别还是两星期左右进行比较恰当。先将身上有黑色的小锦鲤，也就是我们所俗称的黑仔挑留下来。平均来说，昭和三色所产下的锦鲤仔鱼约有 1/10 是黑仔，而在 1/10 的黑仔当中，又只有 1/3～1/2 的锦鲤能成型，而这些能成型的锦鲤当中，又大半是些写类或红质昏暗的锦鲤，称得上昭和三色的只是极少数而已。

第二次选别在锦鲤仔鱼出生 60～70 天进行。锦鲤仔鱼两个月长到5～6 厘米，这时已可大略看出模样了，所以必须淘汰掉像真鲤一样全身为铅色及黑色的锦鲤。

第三次选别是在 90～100 天进行，重点放在分辨有无畸形上，如有畸形，一律淘汰。另外昭和三色的基盘在于它的黑质，因此选别时可以用它的圆黑为标准。其实在昭和三色锦鲤稚鱼时期，我们并不能判断出锦鲤成鱼的优劣。有时红绯在锦鲤稚鱼呈柿红色，长大后却呈现出极为完美的色泽；有的在锦鲤稚鱼认为是很有希望的，结果长大后却完全走了样。

写类是由昭和三色演变而来的，原本以为是全黑的锦鲤，结果长大变成白写，原本是相当不错的白写，结果长大却出现红斑污染白底等的情况屡见不鲜。如果要分辨绯写或黄写，是以它的色彩为基准，但在锦鲤稚鱼时期是很难去明辨的。

第五章

锦鲤的繁殖技术

第一节　锦鲤繁殖设施的准备

一、准备产卵池

繁殖前，最好将雌、雄鱼分开饲养，繁殖时再放回产卵池中。作为产卵池一般都采用小型水泥池。池的形状不限，大小为高 4 米、宽 4 米、深 0.8 米，水深 0.4 米左右，池的面积为 20 米^2 左右便可。池子太小，亲鱼产卵时常常会跳跃到岸上；太大则不利于水质管理和繁殖前鱼池的消毒工作。池塘准备好后，要经过彻底洗涮和清塘消毒，若是新建的水泥池，应在使用前用干净的水浸泡 20 天以上，防止碱性太大。繁殖用水 pH 值 7.2～7.4，水质以清洁、微碱性、低硬度为好，水体溶氧量应保证在 5 毫克/升以上。注意池塘消毒和事先做好鱼巢提前放入池中，鱼巢一般采用经过蒸煮浸泡的狐尾藻或棕树皮，也可用金鱼藻、凤眼莲等扎成小束做成。

二、产卵池（缸）

锦鲤产卵的场所，它的面积大小、位置条件对锦鲤繁殖具有一定的影响。产卵池的面积，根据自然条件下，鱼类是以群体自然受精繁殖的这一特点，若产卵池（缸）面积过大，亲鱼数量不多，必然影响亲鱼间的发情追逐活动，有碍产卵行为，另外卵的受精率受一定的影响。若水体过小，亲鱼活动不开，彼此互相干扰，有碍产卵行为，产卵池的面积力求适宜。一般水泥池根据亲鱼数量，选择 10～20 米^2 的规格，水深 40 厘米左右，通常以每平方米放养待产的亲鱼 1 对为宜。一般的鱼缸因水较深，不利于雌雄亲鱼间的发情活动，如用缸作产卵用，卵的受精率就较低。

关于池（缸）的位置，应设置在阳光充足的南向避风处，减少水温的变化，同时要求空气流通，使产卵池（缸）的水有充足的溶解氧。产卵池（缸）在产卵前均要洗刷干净，可用药物消毒，杀灭病原体，减少疾病，

提高孵化率，消毒后用清水洗净备用。

三、鱼巢的准备

由于锦鲤体形大，一般在池塘繁殖。锦鲤卵属黏性卵，受精卵黏附于水草等附着物上发育，因此在产卵前，要在产卵池（缸）内加入用水草做成的产卵巢，使锦鲤卵受精后可以黏附在水草上，便于以后孵化。如果受精卵没有黏附在物体上，则沉到水底，因挤压透水条件不好，或被池（缸）底污物埋住而腐败死亡，影响孵化率。

1. 鱼巢（产卵巢）的种类

鱼巢的种类很多，选择的原则是：最好能漂浮在水中，散开后面积要大，便于鱼卵黏附；鱼巢质地要柔软，亲鱼追逐不会伤及鱼体；此外，要求鱼巢不易腐烂，不影响到水质变化，有利于受精卵孵化成鱼苗。常用的如金鱼藻、聚草、凤眼莲、水浮莲、轮叶黑藻、杨柳须根、棕丝等均可制成鱼巢。

2. 鱼巢的处理

上述各种水生植物，均来自天然水体中，常会带来野杂鱼的卵、鱼苗的敌害和病菌等，因此，必须在用前半月左右捞回来，经过处理，除去枯枝烂叶，清洗干净，用药物消毒，然后用清水冲洗除去药液后方能使用。处理鱼巢常用的方法有：

用2%的食盐水浸泡20～40分钟，可杀死附在水草上的病菌和寄生

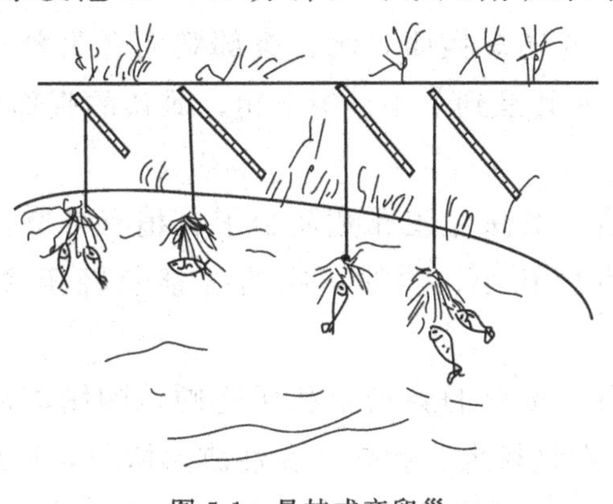

图5-1　悬挂式产卵巢

虫，也可使水螅从水草上脱落，对水草无害；用1毫克/千克的高锰酸钾溶液，浸泡1小时左右，再用清水冲洗干净；用20毫克/千克的呋喃西林药液，浸泡1小时左右，呋喃西林杀菌能力很强；用8毫克/千克的硫酸铜溶液，浸泡1小时左右，可杀死水螅和病菌。

杨柳根和棕皮、棕丝经过消毒后，扎成小捆，再用绳系于产卵池中（图5-1、图5-2）。

图5-2 平铺式产卵巢

第二节 锦鲤亲鱼的准备

一、雌雄鉴别

① 从体形看，身体短粗而丰满、腹部肥大者为雌鱼，越接近临产时腹部膨大越明显，尤其是到了4月中下旬，雌鱼的腹部就特别胀大；体形瘦长者为雄鱼。

② 从生殖孔看，雌鱼生殖孔宽而扁平、稍有外突，用手轻压腹部有卵粒排出；雄鱼生殖孔小、内凹，成熟的雄鱼轻压腹部便有白色精液流出。

③ 从胸鳍来看，雄鱼的胸鳍粗壮而坚硬，胸鳍端部略小而稍圆，雌鱼的胸鳍端部呈圆形且较大。此外，在性成熟阶段，可从胸鳍边缘鳍条上有无"追星"来检查，用手抚摸鳍条，如有粗糙的角质状突起者为雄鱼，

光滑者则为雌鱼。

④ 从头部看，雌鱼的头部稍窄而较长；雄鱼头部宽而短，额部稍突起。

⑤ 从产卵动作看，雌鱼在产卵期间不停地游动，引诱雄鱼追尾。

二、选择亲鱼

作为观赏鱼的锦鲤繁殖要有选择、有目的地选择亲鱼。锦鲤主要观赏背面，所以最好选择上下较扁、剖面是扁椭圆形、整体呈纺锤形的，而色彩则根据培育目的来选择相应体色的亲鱼。例如，要培养红白锦鲤，就应从红白锦鲤品系中选择健康的雌、雄鱼作亲鱼。在培养繁殖用锦鲤时，往往将不同品系亲鱼放在一口大鱼塘中任其自然繁殖，这样显然不能获得满意的结果。

当然，选择用来繁殖的亲鱼必须具备以下条件：体质健壮、无病无伤残；色泽艳丽、晶莹，品系纯正，色斑边际清晰鲜明，无虚边，无疵斑；鳞片光滑整齐；游姿稳健、各鳍完整无缺陷等。

繁殖用亲鱼可按一雌二雄或二雌三雄的比例，这样可以保证精子数量充足，以提高受精率。虽然一龄锦鲤已成熟，但为了保证质量，雄鱼最好选 3～5 龄的亲鱼，雌鱼一般要在 4～10 龄，这样的亲鱼，体质健壮、生殖腺饱满、卵子和精子的活力强，受精率和孵化率都很高，用作亲鱼最理想。若亲鱼的年龄太大，其受精卵的孵化率会降低。

第三节　锦鲤的人工繁殖

一、锦鲤的人工授精

1. 人工授精的好处

① 可以根据人们的意愿进行异品种或两地饲养的同一品种亲鱼杂交，有利于培育新品种和提纯优良品种的特征。

② 适合缺缸少池、没有适当产卵池（缸）的家庭养殖者和小型鱼场采用。

③ 在雄鱼少或雄鱼不健康的情况下，也能进行繁殖，不受产卵条件差的束缚，弥补了自然受精的不足，提高了精子细胞的利用率和鱼卵的受精率。

④ 操作简便，可以减少雌鱼因难产而死亡的情况发生，有利于在繁殖季节有计划地安排、掌握锦鲤产卵时间。

⑤ 产卵时间短，可提高池（缸）的利用率。

所以，为了提高和保留锦鲤的品种质量，有目的地杂交培育新品种，采用人工授精是个好办法。

2. 人工授精的具体方法

人工授精的具体方法可分为离水授精法和水内授精法两种。

(1) 离水授精法　每当繁殖季节，看到池中的雄鱼持久不舍地追逐雌鱼，雌鱼已有少数卵粒排出时，可立即把雌、雄锦鲤轻轻地捞进面盆中，然后一手抓住雌鱼离水，将亲鱼鱼体抱在手中，用左手握住鱼的尾柄，右手握住鱼的头下背脊处，腹部朝上成45°角，轻轻擦干体表，用拇指轻轻地挤压雌鱼腹部（由胸鳍至腹部），使卵均匀地排出于事先消毒后洗净的浅搪瓷盘中，然后迅速用同样的方法轻轻挤压雄鱼腹部，使精液迅速流入鱼卵盘中。另一人可取少许等温新水轻轻把精液全部冲入盘中，再用干净的毛笔或羽毛轻轻地把精液和卵子拌匀，充分混合迅速受精。约过15分钟后徐徐地将受精卵均匀地倒入浮在池（缸）中的鱼巢上，让其孵化。

(2) 水内授精法　每当我们见到雄鱼剧烈地追逐雌鱼，并见到少量卵粒排出时，可用大面盆或敞口缸盛1/3～1/2的水，然后把雌、雄亲鱼带水捞入面盆或敞口缸内，盆底铺上一层人工鱼巢，两人分别抓住雌鱼和雄鱼，使它们生殖孔相对，先用大拇指轻轻挤压雄鱼腹部，见到乳白色的精液泄出的同时，用相同的方法挤出雌鱼腹内的卵粒，另一人的手在水中轻轻地颤动，让卵粒均匀地随水落到盆（缸）底的人工鱼巢上，这时卵子和精子在水中很快受精，卵粒由透明而转为米黄色的受精卵。由于水内授精法不离水，对亲鱼的损伤略小于离水授精法，受精卵粒黏性强，能很快附着于人工鱼巢上，且换水容易、操作方便，受精率也不

亚于离水授精法。

3. 人工授精的管理工作

整个受精过程中所用的水，其温度应该相同，最好是用同一蓄水池中的水，否则，操作过程中所用的水前后温差过大，精、卵都会因不良刺激而降低活力，严重时会导致人工授精失败，产后亲鱼也不易成活。亲鱼死亡属重大损失，要竭力避免。

4. 人工授精工作的主要经验

① 不可将受精卵放入老水中孵化，也不可将老水中产的卵直接移入新水孵化池中孵化，要将受精卵在移入孵化池之前用清水漂洗几次，以免老水中含有的藻类等被带入孵化池或在受精卵上继续大量繁殖，影响水质和卵的呼吸，造成千百万鱼卵死亡。

② 选用新鲜洗干净的狐藻、金鱼藻或没有毒性而又柔软的化学纤维做鱼巢，若有棕丝、柳树根，一定要煮洗脱色后才使用。因为这两种原料处理不当会释放出有毒物质毒死鱼卵。

③ 受精卵孵化 2～3 天后进入敏感期，要尽量避免震动鱼卵，以提高孵化率，减少畸形仔鱼的出现。

④ 孵化期要采取保温、防风等措施，以保证孵化池水温的稳定，使水温不受气象等影响大幅升降。

二、孵化

孵化时的水深一般为 40 厘米，室内孵化池以 3 米×3 米的水泥池为宜，水质与水温要求与产卵时用水相同。

锦鲤的受精卵吸水后，直径为 1.4～1.8 毫米，一般在 1.6 毫米左右，比金鱼卵径大些。锦鲤的卵径在产出后吸水膨大，卵膜外举；黏性，会黏附于鱼巢上孵化。待亲鱼产完卵后，将附有受精卵的鱼巢取出，用 5%～7%的食盐水浸泡 5 分钟消毒，然后移出亲鱼，在产卵池进行孵化，或采用孵化池孵化。专用孵化池的结构、形状、规格及准备与产卵池基本相同。孵化时间的长短与水温直接相关，在适宜水温范围内随水温的升高孵化时间缩短，在水温 18℃左右时孵化时间为 4～5 天，在 20～22℃时为

3～4天，在25℃时约3天。刚孵化的仔鱼不动、不食，依靠吸收腹部的卵黄囊来存活，待卵黄吸收完毕后，仔鱼便开始自由游动，并开口摄食外界食物，此时应及时投喂饵料。也可采用流水孵化法，此法要注意流速的控制。开始流速可大些，将附着鱼卵的鱼巢移入置于流水中的具有小网眼的孵化网箱里，流水的溶氧量高，有利于鱼卵的孵化。当鱼卵孵出后，不断减小流量或置于静水中继续发育。锦鲤卵的孵化方法主要有以下几种。

1. 室外池中孵化

即把鱼巢直接放入孵化池中孵出锦鲤鱼苗。孵化池一般选择66～330米^{2}的小土池，孵化池过大不易操作管理，在天气变化时也无法遮盖。水深在33～65厘米之间。孵化池应先进行清塘消毒。池水要清洁，溶解氧多，pH应呈微碱性，透明度宜大。池中孵化应注意：

① 水温。应保持水温在15℃以上，水温过低将引起受精卵或鱼苗死亡。密切注意气候变化，寒潮袭来时，应加盖芦席，并可挂盛有酒糟的麻袋于鱼巢旁边，使之发生热量，维持水温。

② 鱼巢应稀疏。鱼巢挤在一处，将降低孵化率。

③ 水质。水质要清，溶解氧要充足，因为肥水耗氧量大。

④ 防止敌害。严防野杂鱼、青蛙、蝌蚪等进入孵化池中吞食鲤卵和孵出的鱼苗。

池中孵化管理较简单，投入劳动力不多，而且不需特殊设备是其优点。缺点是一般易受外界条件影响，故孵化率较低，通常为50%～70%。

2. 流水孵化

可将黏着大量鲤卵的鱼巢，放入流水中的孵化网箱，一般水流要大些。流水中溶解氧丰富，水温比较稳定。当鱼苗孵出时，应特别注意减小流速，最好将鲤苗转入静水网箱中继续发育。流水孵化有时流速大，易冲伤鱼苗，一般孵化率为70%～80%。

3. 室内淋水孵化法

又叫干孵法，此法在我国云南、贵州的一些地区流传已久。具体方法是将黏满受精卵的鱼巢移到室内，进行定期淋水孵化。在生产上用来放置鱼巢，进行淋水孵化的装置一般有两种。

（1）孵化架　用木材或毛竹搭成，架的大小可根据生产规模大小而定。通常架可分成2～3层。孵化架的搭制方法有两种，一种是每层都用竹竿纵横交叉，扎成许多小方格，每格10～15厘米，将鱼巢分成小束，悬于竹竿上，叫做悬吊式孵化架；另一种是各层均用竹帘平铺而成，鱼巢平放在竹帘上，铺成不太厚的一层，叫做平铺式孵化架（图5-3）。

(a) 平铺式孵化架

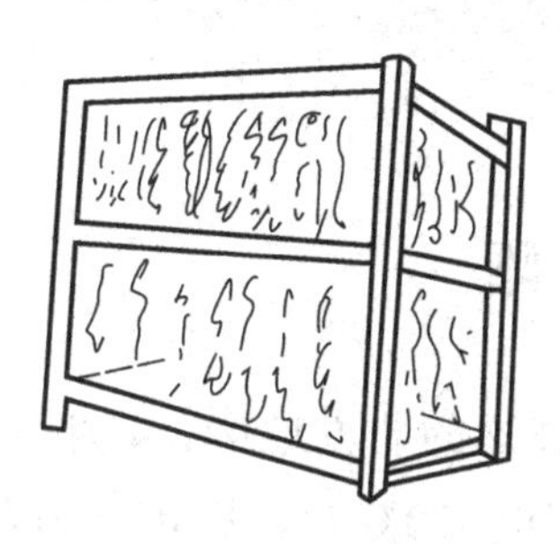
(b) 悬吊式孵化架

图5-3　锦鲤的孵化架

（2）孵化盆　用洗澡木盆、大面盆等容器盛放鱼巢时，是以口径大而矮的为宜。在口上架上一排细竹竿或竹帘，其上铺上鱼巢。铺的鱼巢不要太厚，以26～33厘米为宜。

放置鱼巢的方法很多，其中以悬吊式为最好。鱼巢挂起来，就不会因重叠而受挤压，几乎所有卵都可与淋水及湿空气接触，氧气供应充分，而且鱼巢也因通气而不易腐烂。

淋水孵化时，应该注意以下几点：

① 室温应保持在20～25℃之间，严格控制温度。

② 及时淋水，淋水的温度应与室温相差不大（温差不超过2℃），淋水要均匀。

③ 淋水次数随室温而定，在室温20℃左右时，每小时淋水一次，在高温地区，淋水次数必须加多。

④ 室内保持饱和的温度，防止过分通风，因为淋水孵化主要是让鱼卵在湿润的空气中孵化发育，如过分通风，卵膜被吹干，造成鱼卵死亡。

⑤ 孵化期间应有光照，但光照不宜过强。

⑥ 正确掌握孵化时间，适时移入孵化池中孵出鱼苗，当鱼眼出现黑色素一天后，就将鱼巢放入孵化鱼苗池中，才不会影响孵化。

采用室内淋水孵化温度变化小，不受外界气候影响，保证胚胎发育的良好条件，同时又防止水霉病，因而大大超过过去室外池中孵化的效率，孵化率高达95%以上。

第四节　锦鲤的自然繁殖

一、产卵

在我国的北方地区，4月下旬至6月中旬是锦鲤的繁殖季节，当水温上升到16～18℃时，即可将选择好的亲鱼移入产卵池。同时应将选好的消过毒的鱼巢一束一束地扎好（或一株一株的），做成环形或平直形，以增加卵的黏附面积，放入产卵池中，每个池内放亲鱼2～3组即可。亲鱼入池后，当发现亲鱼有相互急促追逐现象时，表明即将产卵。这时雌鱼会显现出频繁地摇动尾部而待产，雄鱼则会活泼地游来游去，不停地追逐雌鱼，会做出把颌部和腹部靠近雌鱼的动作，有时会痉挛地催促雌鱼，这是产卵繁殖的前奏。到临产时刻，雌鱼钻入鱼巢中，并来回穿梭而过，雄鱼也紧紧跟在后面，并用头、鳃盖、胸鳍摩擦雌鱼的腹部，雌鱼受到刺激后，游动加快，有时跃出水面。当发情到高潮时，雌鱼连续收缩腹部肌肉，卵随即排出体外，同时雄鱼也跟随排出乳白色的精液，与卵在水中相遇受精。受精卵黏附在鱼巢或产卵池壁上。当水温上升到20℃时，可大量产卵，产卵一般在清晨4时左右开始，这时雄鱼会更狂欢地追逐雌鱼，而雌鱼也会分泌出一种物质来引诱雄鱼，产卵行为一直持续到上午10时左右结束。一般一次可产生20万～40万粒卵。

二、产卵时的注意事项及护理

在产卵时特别要勤检查，发现异常及时处理，如雌鱼是否有滞产现象（俗称产门不开）。这种情况除外界条件外，如果由雄鱼少或体质弱、发育差方面引起的，可酌情增加或调换雄鱼。反之则要考虑，雄鱼是否过多过强。雌鱼被追得疲乏，或雄鱼本身疲乏，行动迟缓，甚至浮出水面。这种情况下

应将雌、雄亲鱼暂时分开休息片刻。另外，要观察雌、雄鱼是否有擦伤现象，擦伤了要及时治疗。在产卵盛期还要时刻注意，当一束鱼巢粘满卵粒后应及时取出，放到另一孵化池中，再换入新鱼巢，尽量避免鱼卵落到池底或粘在池壁上，造成损失。当天产卵完毕后，要随时取出鱼巢，放入孵化池。

产卵期的护理是非常重要的，首先要加强对亲鱼的饲养管理，促进其性腺充分发育，这对于提高产卵量和卵的受精率有很大作用。产卵前喂亲鱼喜食的活饵料，等到产卵开始，由于发情，食欲降低，喂食不宜多，最好喂活食。产卵结束后，食欲恢复，可适当增加投饵量，以利恢复鱼体健康。

在每天产卵结束后，下午应换水 1 次，因经过产卵，容器的边缘总有部分卵粒黏附在上面，同时水中也有腐败的精液和未受精的卵。这些都会消耗水中大量的氧气，引起水中溶解氧缺乏，至翌日早晨，锦鲤会因缺氧而发生浮头，严重时会发生泛塘、闷缸（繁殖期间的浮头又称为闷缸）的危险。特别是鱼产卵不太多的时候，容易换水不及时，也会发生上述危险。这种情况均系水质不清洁引起的。一般情况下仔细观察，可发现精液溶在水中，会使水转变化为轻微乳白色，并带有浓腥味。所以此时加强检查，注意水质变化，及时换水是十分重要的。

三、产后亲鱼的管理

亲鱼产卵结束后，应及时将雌、雄亲鱼分别移入与原池水温度相同的老水饲养池中精心饲养，尤其是珍贵品种的亲鱼，产卵后切勿混养。因为在亲鱼产卵过程中常有追逐以致体表如黏膜、皮肤和鳞片等损伤；且刚产完卵的亲鱼体质也较虚弱，在移出产卵池或以后清污、换水时，最好连水带鱼一起取出，以保证鱼体不受伤害。如发现受伤亲鱼，要及时用消炎药物涂抹伤口。喂养时，也要仔细、小心，并要观察其活动和食欲情况。开始少喂，并投喂些适口性好的饵料，待体质恢复正常后，再按标准投喂和实行正常管理。

在锦鲤繁殖季节，特别是亲鱼产卵后，有时往往会发生亲鱼大量死亡，令人十分心痛，应该从以下几个方面预防：

1. 水温问题

亲鱼产卵后，体质比较虚弱，不能随意地把亲鱼从产卵池内捞入饲养池内，否则会因水温温差太大，鱼受凉患病，严重时造成亲鱼死亡。为此，产后的雌、雄亲鱼要尽可能地放回水温相等的淡绿色的原池中静养。如果遇到原饲养池中的水已败坏不能养鱼时，可以采用1/2等温的新水，掺加邻近池中等温和干净的水1/2，然后将产完卵的亲鱼放入静养，并增设增氧泵及时充氧。

2. 投食问题

锦鲤进行紧张的交配繁殖以后，体质虚弱，消化功能也受到影响，胃口大减。在这种情况下，要减少投饵，产卵当天停食或少食，以后给食只能为平常投饵量的1/3至1/2。而且要喂最好的活红虫，直到亲鱼活动、食欲正常后，才可恢复正常的给食。

3. 受伤问题

亲鱼产卵过程中，由于雄鱼剧烈地追逐，黏膜、皮肤、鳞片也可能擦伤脱落，加上此时又是梅雨季节，温度偏高、湿度偏大，病菌大量繁殖，细菌和寄生虫就可从体表伤处乘虚而入，很容易使亲鱼感染疾病致死。为此，通常在产卵的亲鱼池中投放少许呋喃西林（比例为2～3毫克/千克）或食盐（比例为1/5000）。

4. 水质问题

在繁殖季节，雌、雄锦鲤的生殖腺日趋成熟，每当受到新水刺激和觅食时，部分或个别早熟锦鲤常常会出现追尾、戏嬉现象。有的雌锦鲤还会分泌一些诱惑雄锦鲤的分泌物，而雄锦鲤受刺激后也分泌出雄性激素甚至排出精子，这样，虽然不是正式产卵，这些分泌物或者精子溶于水中，使水发白，如不及时换水就会腥臭败坏。

四、受精卵的孵化管理

将养鱼池（盆、缸）洗净注入新晾好的水，即可作为孵化池，待水温与产卵池要求的水温一致时，放入着卵鱼巢。一般1米^{3}的孵化池内可放鱼巢3～5把。

锦鲤受精卵为橙黄色半透明状，产卵后24小时左右，如发现鱼巢上

有乳白色的卵出现，即是未受精卵，会随时失活，应及时用镊子轻轻摘去，以免因腐烂而败坏水质或发生水霉病感染而危及全池。橙黄色受精卵在水温15～16℃的条件下，孵化2～3天，从外表看受精卵透明度渐减，并逐渐出现一个小黑点，这便是最先形成的幼鱼的头部，称为眼点，再过2～3天，此黑点周围渐渐形成一肉色的圆团，便是锦鲤的身体。在适温范围内，温度不同，孵化时间的长短也不同。水温高，孵化时间就短，反之则长。平均水温15～16℃时，孵化时间为7天左右；水温为18～19℃时，只要4～5天；如果水温升高到20℃，3～4天即可孵出仔鱼。但以水温17～19℃、经5～6天孵出的仔鱼体质最好。孵化时必须防止水温急剧变化，如白天阳光强烈、气温过高或气候突变。降温时，要适时采取遮盖苇帘或塑料薄膜等措施，防止水温大幅度的升降。同时要保持水质清新、环境卫生。

在锦鲤繁殖时，若能考虑到环境因素对锦鲤繁殖活动的影响，有意识地人工控制也是十分有利的。如用新鲜水草做的鱼巢、含氧量较高的新水、雨前变天的气象条件等都能刺激亲鱼产卵发情，但最主要的是水温。所以，在锦鲤繁殖期，要尽量充分利用这些规律，如在孵化期间，尽量将水温稳定在18℃左右，以保证能得到体质健壮的仔鱼。

第五节　常见锦鲤的繁殖方法

一、红白锦鲤的繁殖方法

红白锦鲤的繁殖多在每年3～5月间进行，亲鱼要选择2～3龄的健康无病者。其雌、雄配比为1∶2或1∶3。所用亲鱼必须具有红白锦鲤系的典型特征。产卵可在小型水池中进行，通常使用经水煮沸过的棕榈丝等作为鱼巢。鱼巢最好用1毫克/升的孔雀石绿溶液浸泡30分钟，以防菌类感染。在20℃时，受精卵经5天左右即可孵化，未受精者很快就会变为白色。刚孵出的小鱼先要悬吸在鱼巢上，经4～5天后才能自由游动，这时可用草履虫进行喂养。以后随着小鱼的长大，再投喂轮虫、水蚤等活食。

二、昭和锦鲤的繁殖方法

所用亲鱼必须具有昭和锦鲤的典型特征。其他同红白锦鲤的繁殖方法。

三、写鲤的繁殖方法

写鲤的繁殖多在每年3～5月间进行，亲鱼要选择2～3龄的健康无病者。其雌、雄配比为1∶2或1∶3。所用亲鱼必须具有写鲤系的典型特征。产卵可在面积不大的水池中进行，通常使用经水煮沸过的棕榈丝等作为鱼巢。亲鱼多于清晨开始产卵，当产卵结束后，可将亲鱼捞出另行喂养。每条雌锦鲤一次可产卵十余万粒，由于在产卵过程中亲鱼运动剧烈，大约有2/3的卵附着在鱼巢上，其他均沉到水底。因此为了提高繁殖系数，也可在水池底部铺上厚塑料布以承接卵粒。在18℃左右的水温条件下，受精卵经过4～7天即可孵化。随着小鱼的不断长大，先要将有明显残疾者淘汰，再分数次把具品种典型特征的写鲤精选出来。

四、金银鳞锦鲤的繁殖方法

金银鳞的繁殖多在每年3～5月间进行，亲鱼要选择2～3龄的健康无病者。其雌雄配比为1∶1或1∶2。所用亲鱼必须具有金银鳞系的典型特征。产卵可在表面积5～7米^2、池深60厘米的水池中进行。金银鳞产黏性卵，应该使用经过灭菌处理的狐尾藻等作为鱼巢。在18～20℃的水温条件下，受精卵经过4～7天即可孵化。随着小鱼的不断长大，再分批筛选出具品种典型特征者。

五、别光锦鲤的繁殖方法

别光锦鲤的繁殖多在每年3～5月间进行，亲鱼要选择2～3龄的健康

无病者。雌雄配比为 1∶2。所用亲鱼须具有别光锦鲤系的典型特征。产卵可在小型水池中进行，通常使用经水煮沸过的棕榈丝等作为鱼巢。鱼巢最好用 1 毫克/升的孔雀石绿溶液浸泡 30 分钟，以防菌类感染。在 18～20℃的水温条件下，受精卵经过 4～7 天即可孵化。

六、黄金锦鲤的繁殖方法

黄金锦鲤的繁殖多在每年 3～5 月间进行，亲鱼要选择 2～3 龄的健康无病者。雌雄配比为 1∶2。所用亲鱼必须具有黄金锦鲤系的典型特征，产卵可在表面积为 5～7 米^2、池深 60 厘米的水池中进行，通常使用经水煮沸过的棕榈丝等作为鱼巢。在 18℃左右的水温条件下，受精卵经过 4～7 天即可孵化。小鱼在精心管理下生长很快，30～40 天后，即可开始投喂人工饲料。要想使锦鲤长得好、长得快，在喂食时要多投少喂，做到少食多餐。在 40 天后，小锦鲤可达 3 厘米长，这时，最好将它们大小分开喂养。

七、衣鲤的繁殖方法

衣鲤的繁殖多在每年 3～5 月间进行，亲鱼要选择 2～3 龄的健康无病者。雌雄配比为 1∶2。所用亲鱼必须具有衣锦鲤系的典型特征。产卵可在面积不大的水池中进行，衣鲤产黏性卵，通常使用经水煮沸过的棕榈丝等作为鱼巢。在 18～20℃的水温条件下，受精卵经过 4～7 天即可孵化。随着小鱼的不断长大，先要将有明显残疾者淘汰，再分数次把具品种典型特征的衣鲤精选出来。

八、秋翠锦鲤的繁殖方法

秋翠锦鲤的繁殖多在每年 3～5 月间进行，亲鱼要选择 2～3 龄的健康无病者。雌雄配比为 1∶2。所用亲鱼必须具有品种典型特征。产卵可安排在小型水池中进行，通常使用经水煮沸过的棕榈丝等作为鱼巢。鱼巢最好用 1 毫克/升的孔雀石绿溶液浸泡 30 分钟，以防菌类感染。在 18～

20℃的水温条件下，受精卵经过4～7天即可孵化。随着小鱼的不断长大，再分批筛选出具品种典型特征者。

九、丹顶锦鲤的繁殖方法

丹顶锦鲤的繁殖多在每年3～5月间进行，亲鱼要选择2～3龄的健康无病者。其雌雄配比为1∶3。所用亲鱼必须具有丹顶系的典型特征。产卵可安排在小型水池中进行，通常使用经水煮沸过的棕榈丝等作为鱼巢。亲鱼多于清晨开始产卵，当产卵结束后，可将亲鱼捞出另行喂养。在18～20℃的水温条件下，受精卵经过4～7天即可孵化。随着小鱼的不断长大，再分批筛选出具有品种典型特征者。第一次分选可在小鱼5厘米左右时进行，第二次在小鱼长度为10厘米左右时进行，第三次可在15厘米左右时进行。

第六章

锦鲤的疾病与防治

锦鲤是人工喂养的，其生存环境与食用鲤有很大差异，缺乏诊断技术给正确治疗带来一定的困难。由于锦鲤患病初期病症不易被发现，一旦被发现，病情就已经不轻，用药治疗作用较小，鱼病不能及时治愈，导致病鱼大批死亡而使养殖者陷入困境。更重要的是，即使病鱼治愈，也往往在外形上留下缺陷。如鱼鳞脱落后不能再生，鱼鳍烂蚀后虽能再生但不能恢复原有长度及风韵，鱼体颜色也会不同程度地失去往日的光泽，而失去了观赏的价值。所以防治锦鲤疾病要采取“预防为主、防重于治、全面预防、积极治疗”等措施，控制鱼病的发生和蔓延。

第一节　锦鲤疾病发生的原因

锦鲤个体较小、体质娇弱，而且大部分饲养在易恶化的小水体中，因此，易发各种疾病。引起锦鲤发病的原因，有以下几个方面。

一、环境因素

影响鱼类健康的环境因素主要有水温、水质等。

1. 水温

锦鲤类是冷血动物，体温随外界环境尤其是水体的温度变化而发生改变。当水温发生急剧变化时，机体由于适应能力不强而发生病理变化乃至死亡。例如锦鲤在换水时要求温差低于 3℃，苗种阶段的温差低于 2℃，否则会因温差过大而导致锦鲤“感冒”，甚至大批死亡。

2. 水质

为维护锦鲤正常的生理活动，要求有适合锦鲤生活的良好水环境，水质的好坏直接关系到锦鲤的生长。影响水质变化的因素有水体的酸碱度、溶氧量、有机耗氧量、透明度、氨氮含量及微生物等理化指标，这些因素在适宜的范围内，锦鲤生长发育良好，一旦水质环境不良，就可能导致锦鲤生病或死亡。在水质的影响因子中，最主要的是溶氧量和酸碱度这两个

因素。

溶氧量：水体中溶氧量的高低对锦鲤的正常生活有直接影响，溶氧量过低，锦鲤会窒息而死。若不及时换水，水中锦鲤排泄物和分泌物过多、微生物孳生、蓝绿藻类浮游生物生长过多，都可使水质恶化、溶氧量降低，使锦鲤发病。

酸碱度：锦鲤对水质酸碱度有一定的适应范围，一般以 pH 值在7.5～8.0 为宜，超过这个范围，也易患病。如果 pH 值在 5.0～6.5 之间，锦鲤生长慢，体质较差，易患打粉病。

二、生物因素

1. 病原体

导致锦鲤生病的病原体有真菌、细菌、病毒、原生动物等，这些病原体是影响锦鲤健康的罪魁祸首。在鱼体中，病原体数量越多，鱼病的症状就越明显，严重时可直接导致鱼类大量死亡。

鱼病病原体传染力的大小与病原体在宿主体内定居、繁衍以及从宿主体内排出的数量有密切关系。水体条件恶化，利于病原体生长繁殖，病原体的传染能力就较强，对锦鲤的致病作用也明显。如果利用药物杀灭或生态学方法抑制病原体活力来降低或消灭病原体，例如定期用生石灰清塘消毒，或用投放硝化细菌增加溶氧、净化水质等生态学方法处理水环境，就不利于寄生生物的生长繁殖，对锦鲤的致病作用就明显减轻，鱼病发生机会就降低。因此，要切断病原体进入养殖水体的途径，根据锦鲤类的病原体的传染力与致病力的特性，有的放矢地进行生态防治、药物防治和免疫防治，将病原体控制在不危害锦鲤类的程度以下，减少锦鲤类疾病的发生。

2. 藻类

一些藻类如卵甲藻、水网藻等对锦鲤有直接影响。水网藻常常缠绕锦鲤幼鱼并导致其死亡，而嗜酸卵甲藻则能引起锦鲤打粉病。

三、自身因素

鱼体自身因素的好坏是抵御外来病原菌的重要因素，一尾自体健康的鱼能有效地预防部分鱼病的发生，自身因素与鱼体的生理因素及鱼类免疫能力有关。

1. 鱼体的生理因素

鱼类对外界疾病的反应能力及抵抗能力随年龄、身体健康状况、营养状况、个体大小等的改变而有不同。例如车轮虫病是苗种阶段常见的流行病，而随着鱼体年龄的增长，即使有车轮虫寄生，一般也不会表现病症。鱼鳞、皮肤及黏液是鱼体抵抗病原体侵袭的重要屏障，健康的鱼或体表不受损伤的鱼，病原体就无法进入，像打印病、水霉病等就不会发生。

2. 免疫能力

病原微生物进入鱼体后，常被鱼类的吞噬细胞所吞噬，并吸引白细胞到受伤部位，一同吞噬病原微生物，表现出炎症反应。当吞噬细胞和白细胞的吞噬能力难以阻挡病原微生物的生长繁殖时，局部的病变将随之扩大，超过鱼体的承受力而导致锦鲤死亡。

四、人为因素

1. 操作不慎

在饲养过程中，经常要给养鱼池或水族箱换水、兑水、分箱、清洗和捞鱼，有时会因操作不当或动作粗糙，使鱼蹦到地上或器具碰伤鱼体，造成鳍条开裂、鳞片脱落等机械损伤。这样很容易使病菌从伤口侵入，使鱼体感染患病。例如烂鳃病、水霉病就是通过此途径感染的。

2. 外部带入病原体

从自然界中捞取活饵、采集水草和购鱼、投喂时，由于消毒、清洁工作不彻底，可能带入病原体。另外病鱼用过的工具未经消毒又用于无病鱼，或者新购入鱼未经隔离观察就放入原来的鱼群等都能引起重复感染或交叉感染。例如小瓜虫病、烂鳃病等都是这样感染发病的。

3. 饲喂不当

锦鲤基本上靠人工投喂饲养，如果投喂不当，或饥或饱或长期投喂干

饵料，饵料品种单一，饲料营养成分不足，缺乏动物性饵料和合理的蛋白质、维生素、微量元素等，这样锦鲤就会缺乏营养，造成体质衰弱，就容易感染患病。当然投饵过多，易引起水质腐败，促进细菌繁衍。另外，投喂的饵料变质、腐败，就会直接导致锦鲤生病。

4. 环境调控不力

锦鲤对水体的理化性质有一定的适应范围。如果单位水体内载鱼量太多，易导致锦鲤生存的生态环境很恶劣，加上不及时换水，鱼的排泄物、分泌物过多，二氧化碳、氨氮增多，微生物孳生，蓝绿藻类浮游植物生长过多，都可使水质恶化、溶氧量降低，使鱼发病。在换水时水温突然变动且温差超过 3℃以上，水温超过适应范围的上限或下限，以及水温短时间内多变，或长时期水温偏低，都会使鱼发病。

第二节　锦鲤疾病的防治措施

做好锦鲤病的防治工作是养殖者的重要工作之一，“防重于治”是锦鲤疾病防治工作的重要方针。做到这一点，疾病的发生率和锦鲤死亡率都会显著降低。由于锦鲤生活在水中，它们的活动情形人们不易察觉，一旦生病，及时正确的诊断和治疗有一定的困难。当鱼病严重时，锦鲤通常失去了食欲，无法通过内服药物治疗，另外外用药常常受到药液浓度和药浴时间的限制，而且有些鱼病到目前还没有十分有效的治疗方法。因此，在锦鲤的饲养过程中，做到“无病先防、有病早治、防重于治”的原则，才能达到防止或减少锦鲤因病死所造成的损失。改善养殖水体环境、消除传染来源、切断传播途径、提高鱼体抗病力，是预防鱼病发生的基本措施。

一、容器的浸泡和消毒

对刚做好的水泥池，使用前一定要认真洗净，还须盛满清水浸泡数天到一周，进行“退火”或“去碱”；对公园池或土池要定期用生石灰消毒。

对于水泥池的去碱方法除了用醋酸中和法外，还可以用下面的两种方

法去除：

① 按50千克水中溶解12克磷酸的比例，用这样的水浸洗新池1～2天，可达到去碱的目的，接着用盐水或高锰酸钾溶液冲洗并注满自来水浸泡1周左右（促使其尽早产生青苔），换入新水和少量老水，先放几尾次等鱼试养无妨后，再放锦鲤就安全了。

② 将明矾溶于池水中（其浓度须达明矾饱和的程度），经2～3天后即可达到去碱目的，再换入新水，便可使用了。

对长期不用的水泥池，在使用前均应用盐水或高锰酸钾溶液消毒浸洗后才能使用。

二、加强饲养管理

锦鲤生病，可以说大多数是由饲养管理不当引起的。所以加强饲养管理、改善水质环境、注意操作是防病的重要措施。

1. 做好“四定”“一训练”的投饲技术

① 定质：饲料新鲜清洁，不喂腐烂变质的饲料。

② 定量：根据不同季节、气候变化、鱼体大小、食欲反应和水质情况适量投饵，掌握“宁少勿多”的原则。

③ 定时：投饲要有一定时间，一般在上午7～10时，但夏季可适当提早，冬季可适当推迟。注意中午少投食，傍晚忌投食。

④ 定点：这是针对室外养殖池而言的，固定饵料台，不但可以观察锦鲤吃食的姿态，还可以及时查看锦鲤的摄食能力及有无病症，同时也方便对食场进行定期消毒。

⑤ 训练：每天投饲时，可随意采用轻轻拍打水面或其他声响进行较长时间的训练，这样，就能及时发现不来抢食的病态鱼。

2. 保持水质清洁

池塘的水面是直接与空气接触的，如果水面上密布灰尘或浮油，这不仅有碍于空气中的氧气溶于水中，而且灰尘污物容易吸积于鱼鳃部，不利鱼的呼吸。所以，每天清洁水面上的浮膜，同时及时清除池底部的鱼粪和残饲、沉积物等，则可减少鱼粪和污物在水中腐败分解释放有害气体（如

二氧化碳和硫化氢等），防止池中的水质酸性过大，也可防止某些寄生虫和细菌危害锦鲤。另一方面要注意雨后及时换水，这项工作很重要，一定要做。

其次，对捞回来的红虫等天然饵料要认真进行漂洗后再投喂，这也是预防鱼病和保持水质清洁的重要环节之一。

3. 操作细心，加强观察

在换水或捕捞鱼儿时，动作要小心；锦鲤暂养在网箱或盆内时，保证不过分挤压和避免缺氧，以免擦伤鱼体，尽可能减少细菌及寄生虫乘虚侵入的机会，从而降低鱼病的发生率。

三、做好药物预防

在鱼病多发的季节里，除了上述预防鱼病的措施外，采用一些药物预防是十分必要的，现做简略介绍。

1. 鱼体消毒

在鱼病流行季节里，每次结合容器彻底换水时进行鱼体消毒，用药品种及浓度可以适当调整，第一次可用 1 毫克/千克的高锰酸钾溶液；隔 10 天可用 2%～3%的食盐水；再隔 10 天可用 2～3 毫克/千克的呋喃西林药液，进行循环轮换浸洗锦鲤。洗浴时间视鱼体大小、健康情况灵活增减，一般不超过 10 分钟，这样可杀死鱼体上寄生的菌虫，收到较好的预防效果。

同时，在鱼病暴发季节中，可在容器中投放微量食盐（比例为1/1000～1/5000），这对控制和降低鱼病的发病率作用较大，尤其对水霉病和黏球菌的防治疗效更为显著。

2. 工具消毒

日常的红虫兜子、捞网、面盆、勺子等用具，应经常暴晒和定期用高锰酸钾、敌百虫溶液或浓盐开水浸泡消毒。尤其是接触病鱼的用具，更要隔离、消毒、专用。

总之，锦鲤的疾病防治和人的疾病防治一样，应贯彻“防重于治”的原则。做到勤观察、细检查；早发现、早治疗。

四、锦鲤鱼病防治体会

可以说，饲养锦鲤的过程，就是与鱼病作斗争的过程。爱好者如此，业者更是如此。许多初学者往往缺乏相关的专业知识，而导致鱼病孳生，甚至全军覆没。

1. 锦鲤自身防御器官

锦鲤身体上的一些重要器官，它们与鱼病的产生息息相关。

（1）鳞片　除头部和各鳍条之外都有，是保护鱼体的重要器官，是防御损伤及病原体（寄生虫、细菌等）侵袭的重要屏障。因此，拉网、挑选、运输等过程中应注意操作仔细，避免损伤鳞片而导致病原体入侵。

（2）肠　鱼的消化器官。鱼没有胃，主要消化吸收都靠肠道，如投喂不予以节制，鱼会不停地吃而造成消化能力超出负荷，影响内脏机能。为了锦鲤健康成长，对食物品质、数量以及喂食次数、时间等均要充分考虑，必要时要停食。

（3）鳃　鱼的呼吸器官，是最应该留意的重要部位。大部分的鱼死亡都是由鳃功能被破坏，导致呼吸衰竭而引起。它相当于人的肺，并具血液循环与供氧功能。鳃与池水直接接触，水质的优良与否直接影响鳃的正常机能，如低溶氧、污浊、杂菌丛生的水体将会直接降低鱼体抵抗力，寄生虫和病菌就会乘虚而入。

（4）腹部　与池底直接接触。它没有身体两侧及背部肌肉强健，外部刺激很容易对柔软的腹部造成伤害，并且不容易被发现。所以良好而稳定的水质、池底池壁繁茂的青苔，对鱼腹的保护都是至关重要的。

2. 鱼体、 环境与病原体

鱼体发病都离不开这三个条件：羸弱的鱼体、恶劣的饲养条件、无处不在的病原体。这三者共同导致鱼体染病，其中缺乏足够抵抗力的鱼体是引发鱼病的内因，而恶劣的水质、饵料、环境条件导致鱼体抵抗力低下，病原体如寄生虫、细菌、病毒、真菌等很多都是“条件性病原体”，于水体中视水质洁净程度或多或少存在，当鱼体抵抗力弱时就会乘机侵入。

所以，首先是保证鱼体有足够强的抵抗力，优质和适合鱼体的饵料、正确的饲养方法、合理的放养密度也是保证鱼体健康的关键。只有改善水质，改善饲育条件，保证鱼体肝脏、鳃、肠道等各机能正常，才是治本之道。而消毒、杀虫杀菌等工作只是治标的方法，可在鱼染病前以“预防为主”，或鱼已染病后不得已而为之，切忌平日里没事时乱下药。

需要注意的是，鱼病的发生往往是并发症，绝非单一病原体感染。这就要分析、判断主次，确定下药次序。锦鲤通常在饵料慢性营养障碍影响肝脏解毒作用后，在环境恶化、鱼体抵抗力低下等情况下，病原菌、寄生虫、病毒趁机入侵，有时是多种病原体同时感染，如由指环虫、中华蚤引起鳃组织损坏，这时水体中产气单胞菌就会大量繁殖，导致鱼鳃急剧腐烂，鱼体呼吸衰竭而死。这时就要分析哪一种病原体危害更大，从而决定采取相应对策。

不管是业者还是爱好者，请注意以下情形，并经常对应检讨：因饵料造成慢性营养障碍；环境恶化，鱼体抵抗力低下；不适当给饵；长距离运输、疲劳产生应激反应；病原菌浓度大；寄生虫大量寄生；水体水质、水温激烈变化；等等。所有这些都会引起鱼病，并常常是多种病原体合并感染。

3. 锦鲤健康对策

一句话，水体环境的改良、适当给饵、优良的饲育方式才是鱼病最好的预防法。这里对饲育秘诀再强调一次，因为这是养好锦鲤、确保鱼病少发生或不发生的必不可少的条件：①饲养少数良质锦鲤，保持水中充足的溶解氧；②以生化过滤循环改善水质，实行底部排水换水立体化；③营造青苔繁茂的水池，保持水质“活、净、嫩、爽”；④尽早驱除寄生虫，因为寄生虫会引起更严重的疾病。

除了平时注意水质、饵料等条件是否优良，杀虫杀菌对鱼病的预防也相当重要。在品评会前后，长时间运输、体表受伤、购入新鲤、拉网操作后、鱼体疲劳时均应十分注意，除了适当停止喂食外，预防病原体感染也是必不可少的。常用方法是用千分之五的食盐水至少药浴一星期，可加少量抗生素预防细菌孳生。而从土塘池拉上来的锦鲤，除了盐浴外，一定要杀虫，主要是杀灭指环虫、车轮虫等，杀虫杀菌和让鱼适应新的水质、开始正常摄食后，才能分级、销售，否则极易发生鱼病，造成惨重损失。爱好者购鱼时，必须找专业的锦鲤养殖场，确认锦鲤经过杀虫杀菌并适应水池水质后才可购买，如还不放心可购入后单独饲养一月左右，没问题后再混入其他锦鲤，确保万无一失。

鱼病诊断也是件难事。最好取病灶放显微镜下观察有无寄生虫，确定病原体后对症下药。下药前请三思，最好先做试验。很多鱼药包装上面写的是包治百病，其实是百无一用，相反对鱼体和水质危害很大，这样的药不用也罢。

如不能确定是何种寄生虫、细菌感染，盐浴是一种较好的选择，它对一般的虫、菌都有一定的杀灭作用，但要注意灵活掌握药浴时间。使用抗生素对细菌性鱼病很有效，也没有杀虫剂那么危险，但切忌几种不同抗生素混用，药效过后应换水。

总之，判断鱼病要分清主次，治疗时要有针对性。当然，光懂得这些并不算真正的高手，只有做好养鱼的基本功、保持良好的水质、增强鱼体抵抗力，防患于未然，才达到养鱼的最高境界。

第三节　锦鲤疾病的治疗原则

锦鲤疾病的生态预防是治本，而积极、正确、科学地利用药物治疗鱼病则是治标，本着标本兼治的原则，对锦鲤疾病进行有效的治疗，是降低或延缓鱼病的蔓延、减少损失的必要措施。

一、锦鲤疾病治疗的总体原则

“随时检测、及早发现、科学诊断、正确用药、积极治疗、标本兼治”是锦鲤疾病治疗的总体原则。

二、锦鲤疾病治疗的具体原则

1. 先水后鱼

“治病先治鳃，治鳃先治水”，对锦鲤而言，鳃比心脏更重要，鳃病是

引起锦鲤死亡最重要的原因之一。鳃不仅是氧气和二氧化碳进行气体交换的重要场所，也是钙离子、钾离子、钠离子等及氨、尿素交换排泄物的场所。因此，只有尽快地治疗鳃病，改善其呼吸代谢机能，才有利于防病治病。而水环境中的氨、亚硝酸盐及水体过酸或过碱的变化都直接影响鳃组织，进而影响呼吸和代谢，因此，必须先控制生态环境，加速水体的代谢。

2. 先外后内

先治理体外环境，包括水体与沙质、体表，然后才是体内即内脏疾病的治疗，也就是“先治表后治本”。先治疗各种体表疾病，这也是相对容易治疗的疾病，然后再通过注射药物、投喂药饵等方法来治疗内脏器官疾病。

3. 先虫后菌

寄生虫尤其是大型寄生虫对鱼类体表具有巨大的破损能力，而伤口正是细菌入侵感染的途径，并由此产生各种并发症，所以防治病虫害就成为鱼病防治的第一步。

第四节　锦鲤疾病的检测

一、目检

用眼睛直接从鱼体患病部位找出病原体或根据病鱼的症状来分析各种病症的根源，为确定病原体提供依据。

（1）体表检查　从鱼池或水族箱中捞出生病或刚死的锦鲤 5～10 尾，或患病的大型锦鲤 1～2 尾，置于白搪瓷盘内，按顺序对嘴、眼、鳞片、鳍条等部位仔细检查。对于一些大型的病原体，如水霉、线虫、鲺、锚头蚤等可以清楚看见。同时，可以通过口腔充血、肌肉发红、鳍基充血、肛门红肿、鳞片脱落、体表充血、尾柄或腹部两侧出现腐烂、病变部位发白有浮肿脓疱、旧棉絮状白色物、白点状孢囊等确定病情。一般细菌性引起

的疾病表现为：皮肤充血、发炎、腐烂、脓肿及长有赘生物等；寄生虫性病则表现为：体表黏液增多、出血，出现点状或块状孢囊等症状。

（2）鳃检　检查鳃时，按顺序先查看鳃盖是否张开，有无充血、发炎、腐烂等症状，然后用手指翻开鳃盖，观察鳃色是否正常、黏液是否增多、鳃末端是否肿大和腐烂。最后用剪刀剪除鳃盖，观察鳃丝有无异常。

（3）肠道检查　剪开前后肌肉，打开腹腔，先观察内脏有无异常及异物或寄生虫，如鱼怪、线虫、舌状绦虫等。后用剪刀将靠咽喉部位的前肠和肛门的后肠剪断，取出整个内脏置于盘中，将肝脏、脾、鳔等器官逐个分开，再剪开肠管，去掉肠内食物和残渣，仔细观察。如锦鲤患细菌性肠炎，肠黏膜就会出血或充血、肛门红肿。

二、仪器检查

肉眼不能看清的小型寄生虫，需用显微镜放大检查。用于检查的锦鲤，小型鱼池或水族箱至少应有3～5尾，最好是刚死或即将死亡的患病锦鲤。每一处检查部位，均需制2～3片标本，刮取拟检部位的黏液或切取一小块病变组织。滴入适量蒸馏水或生理盐水，加盖玻片置显微镜下检查，寻找病原体。

三、实验室检验

根据流行病学、症状观察及病理解剖的结果，若有必要，则可进行实验室检验。

第五节　锦鲤疾病的早期症状

锦鲤的疾病大致分为：由寄生虫引起的疾病，鲺、锚头蚤、白点病等最常见；由细菌感染引起的疾病，如穿孔病、鳃腐病等；由伤口寄生水生

菌引起的疾病，如水生菌病。

锦鲤的大部分疾病可以说是由饲育者的管理不当引起的，例如水温的急剧变化，或移动锦鲤时操作不当而伤及鱼体。锦鲤的疾病如果等到症状出现往往已经太晚而难以治疗，减少锦鲤患病的秘诀只有早发现、早治疗。因此，平日应多注意观察鱼池的状况或锦鲤的行动，因为大部分疾病在其早期都会表现出一些异常状态，通过肉眼观察锦鲤的行为、体色及其他部位的异常症状，就可以判断是何种疾病。锦鲤疾病的早期症状主要有：

一、鱼体表面的变化

大部分疾病都会在鱼体表面显出症状，每天注意观察就不难发现，如有异常应即刻加以详细检查。最常见为锚头蚤、鲺寄生于鳍条特别是胸鳍上，肉眼可见。另外注意鱼体是否有充血、光泽是否有消褪、鱼体表面是否覆有白膜等，如果锦鲤的体色暗淡而无光泽、身体消瘦，这是烂鳃病、感冒病的症状。如果它的皮肤变成灰白色或白色、体表覆盖一层棉絮状白毛、肌肉糜烂，这是水霉病的症状。如果发现锦鲤的皮肤充血、体表黏液增多、鱼鳞部分竖起或脱落、鱼鳞间或局部红肿发炎且有溢血点或溃疡点、鳍条充血、周身鳞片竖立、尾鳍末端有腐烂现象，这是竖鳞病、鳍腐烂病的症状。

二、离群

健康的锦鲤会群游在一起，如离群独处表示有病。离群锦鲤常游动缓慢，甚至无力控制游泳进退，即使人走近池边，锦鲤仍浮在水面、靠近池壁。锦鲤被寄生锚头蚤或鲺时，常会缩聚于鱼池一角。

三、展开胸鳍静止在池底

正常时锦鲤睡眠会合起胸鳍静止于池底。如生病则展开胸鳍、稍弯曲身体、无力地斜卧，如受惊吓则游动，但一会儿又沉卧池底，常将身体卧

在凹凸不平的地方或将身体搁在斜面上。

四、呼吸急促

锦鲤的呼吸较平静，生病时转为急促。如张大口呈苦闷状地呼吸，则表示病得严重；张大嘴在水面呼吸且到处乱闯时，须严加注意；常浮在水面呼吸或屡次浮在水面呈深呼吸状者表示不正常。

五、无食欲，粪便异常

锦鲤摄食受水温、饥饿程度和环境等影响。如果食欲减退，则背鳍不挺、尾鳍无力下垂、饲料吞进口里又吐出，严重时长时间绝食。患锚头蚤病、瘦弱病都有此症状。如不摄食，虽不一定表示有病，但必须注意是否疾病引起。

如发现粪便浮于水面等粪便异常状态，须注意其消化系统是否出现问题。如吃得过饱，它会吐出嚼碎的食物。如果发现锦鲤肛门拖着一条黄色或白色的长而细的粪便，游动时甩不掉，严重时肛门红肿、腹部出现红斑、轻压腹部肛门有血黄色黏液流出，这是出血病的症状。

六、鱼鳃腐烂

外表常无症状，但掀开其鳃盖常发现鱼鳃有充血、苍白、灰绿色、灰白色或变黑等异常现象，甚至卷曲或缺损，出现米粒样的颗粒，这是烂鳃病的症状。发现鱼儿不活泼时应检查其鳃部。

七、行动异常

一是发现锦鲤游动不安、急窜、上浮下游、狂动打转不止，有时腹部朝上，有时沉入池底，鱼体失去平衡，说明锦鲤可能患中毒症和水霉病。二是鱼体感觉难受，不断用身体擦水草、池壁，可能是体表寄生虫如中华蚤、日本新蚤寄生。

第六节 治疗病鱼的方法

锦鲤患病后，首先应对其进行正确而科学的诊断，根据病情、病因确定有效的药物；其次是选用正确的给药方法，充分发挥药物的效能，尽可能地减少副作用。

锦鲤一旦发生了疾病，治疗有一定的难度，特别是鱼苗和幼鱼都极为娇嫩，用药更要慎重，因此，用药方法就显得非常重要了。不同的给药方法，决定了对锦鲤病治疗的不同效果。常用的锦鲤给药方法有以下几种：

一、浸洗和全水体施药

这是目前治疗鱼病最常见的两种方法，可以驱除体表寄生虫及治疗细菌性的外部疾病，也可利用鳃或皮肤组织的吸收作用治疗细菌性内部疾病。

浸洗是将病鱼放入药液中浸浴一定的时间，而后捞出，放回水中。具体方法是：根据病鱼数量决定使用的容器大小，一般可用面盆或小缸，放入 2/3 的新水，然后按各种药品剂量和所需药物浓度，配好药品，等药物充分溶解后将药液搅匀，再用温度计测试水温，以确定浸洗时间，之后就可以把病鱼浸入药品溶液中治疗。浸洗时间的长短，主要根据水温高低和鱼体耐药程度而定。寄生虫病一般浸洗 1～2 小时即可奏效；传染性鱼病，需浸洗多次才能痊愈，重复浸洗要间隔一二天。注意药液要现用现配，药浴时使用药液浓度高、浸洗时间短，常用药为孔雀石绿、亚甲基蓝、红药水、敌百虫、高锰酸钾等。

全水体施药是指在容器中施药，又叫药浴治疗法。这一做法的目的是杀灭鱼体上、水草上和水体中的病原体，从而使病鱼痊愈。方法是采用低浓度的、对鱼体既安全又有明显疗效的药物，均匀地遍洒于水体中，要计算好用药量，如发现任何不良反应，都要停止治疗。治疗前病鱼要停喂 12～48 小时，减少耗氧量，水中溶解氧要充足，避免温度波动太大，药浴则用食盐水、高锰酸钾、福尔马林、呋喃剂和抗生素等。

必须注意的是，无论是浸洗还是药浴，药剂计量必须精确。如浓度不够，则不能有效地杀灭病菌；如果浓度太高，易对鱼造成毒害，甚至死亡。另外在治疗时，人员不要离开，要随时注意观察病鱼有无出现不良反应，一旦发现病鱼狂游、抽搐或窒息时，要立即把病鱼捞入等温的新水中漂洗、增氧抢救，切不可大意而造成不必要的损失。

二、内服药饵

此法是将治疗鱼病的药物拌入病鱼的饵料中投喂，或者把粉状的饲料挤压成颗粒状、片状后来投喂锦鲤，从而达到预防和治疗目的的一种方法。主要防治营养失调、细菌性疾病、内脏器官的病变及体内寄生虫病。常用药品为营养素、呋喃类、大蒜素、维生素、磺胺类和抗生素等。首先将药剂溶于水，使之渗透到粒状饲料中或混合揉捏后喂给病鲤。这种方法常用于预防或鱼病初期，锦鲤自身有食欲的情况下使用效果才好，对已经丧失摄食能力的锦鲤不再适用，因为药物很难产生效果。

三、注射法

通常采用腹腔、胸腔和肌内注射，主要治疗一些传染疾病，尤其适用于大型锦鲤。这种方式对鱼体吸收药物更为有效、直接。

四、局部处理

也叫手术法。根据需要，采用人工手术的方法如摘除寄生虫、对外伤和局部炎症涂药等，从而达到治愈锦鲤病的目的，例如亲鱼产卵受伤后，可用红霉素软膏在生殖孔上进行涂抹。涂抹前必须先将患处清理干净后施药，常用药为红药水、碘酒和高锰酸钾等，主要治疗外伤及鱼体表面的疾病。

如鱼体病得较严重，常同时采取多种治疗方法。

五、治疗技巧

（1）要注意对症下药，不能随意乱用药　在防治锦鲤疾病时，首先要

认真进行检疫，对病鱼做出正确诊断，针对所患的疾病，确定使用药物及施药方法、剂量，才能发挥药物的作用，收到药到病除的效果。否则，不但达不到防治效果，浪费了大量人力、物力，更严重的是可能耽误了病情，致使疾病加剧，造成巨大损失。在池塘养殖锦鲤时，由于受外界环境的影响比较大，有时锦鲤一旦发病，往往都是几种鱼病并发，尤其是部分寄生虫感染后，会继发性感染某些病毒性或细菌性疾病。在这种情况下，应采取“先急后缓、先主后次”的方针，即先确定危害严重的疾病，首先施用药物，当这种疾病好转后，再着手治疗次要疾病。如果治疗没有主次、先后之分，同时施用几种药物，有可能毒害锦鲤而造成死亡，尤其是个体较小、对水质比较敏感的幼鱼和鱼苗所受危害更大。另外，几种药物同时使用，相互之间可能发生理化作用，对治疗疾病失去效果。

（2）要了解药物性能，不要随意配合使用　用于治疗锦鲤疾病的药物很多，有外用消毒药、内服驱虫药、氧化性药物，还有部分农药及染料类的药物。各种药物的理化性质不同，对鱼病的治疗效果及施用方法也各不相同，必须了解和掌握这些药物的基本情况。在治疗锦鲤疾病中，即使能对症下药，用法也比较正确，但是如果忽视药物的特性，也可能起不到预期的治疗效果。例如漂白粉放置时间过长或保存不当，其有效氯的含量会降低，甚至失效，因此要进行必要的测定后方能使用；高锰酸钾是强氧化性药物，在强光的照射下3分钟左右即失效，因此需避光保存，使用时要现配现用；硫酸亚铁若变成土黄色或红褐色则会失去效果；敌百虫和石灰同时使用时，就会产生部分敌敌畏，这是一种剧毒物质，对锦鲤有极强的毒害作用。

（3）要准确计算药量，不要随意增减药量　防治锦鲤疾病，必须根据诊断结果，正确地测量养殖水体的面积和水深，计算出水体体积，准确地估算出池塘里锦鲤的重量，从而计算出用药量，这样才能既安全又有效地发挥药物的作用。其次，养殖环境的变化，如水质的好坏等因素，对药物的作用和施药量也有一定的影响，可根据实际情况，酌情减少或增加用药量。另外，在遍洒药物时，最好在喂食后下药，同时要将药物完全溶解后施用，以免因饥饿而吞食溶解不完全的药物颗粒，造成锦鲤中毒死亡。

（4）要加强对治疗效果的观察，总结治疗的经验　在施用药物后，要认真观察、记录，注意锦鲤的活动情况及病鱼死亡情况。在施药的24小时内，要随时注意锦鲤的动态，若发现不正常情况，及时采取适当措施，严重时，应立即换水抢救；如果一切正常，则需分析和总结防治鱼病的经验，不断提高防治技术。如果在用药后7天内锦鲤的病鱼停止死亡，则表明药物疗效显著；如果死亡数比用药前减少，表明有疗效；如果死亡数不减或增加，表明无效。另一方面，口服药物饲料仅能预防疾病或治疗病情较轻的锦鲤，对已丧失食欲的锦鲤则没有效果；全池泼洒药物治疗时，病情严重的锦鲤，可能在用药后1～2天内死亡数量明显增加，这属正常现象，是药物刺激的必然结果。因此，不能仅在用药1～2天后见到锦鲤还在死亡，就判断药物无效而改换其他药物，也不能天天换药，或者急于求成，乱加1～5倍药量，致使锦鲤病情更加严重，损失更大。

第七节　常用的药物种类

锦鲤选用药物的趋势是向着“三效”（高效、速效、长效）、“三小”（毒性小、副作用小、剂量小）和“无三致”（无致畸、无致癌、无致突变）方向发展。但对于锦鲤类药物的要求相对宽松得多，一般来说只要对鱼生存无影响的药物都可以使用，例如孔雀石绿、硫酸铜、硝酸亚汞等在国外早就被禁止使用在水产品上，但对于锦鲤，则可以应用。但随着人们环保意识的提高，锦鲤用药的种类也应有所限制，主要是防止治病施药废水经家庭下水道直接汇入江河，或被生物富集，或再回流至自来水厂被人们饮用后累积在体内慢性致病。因此，从长远看，锦鲤药也应生产和使用“绿色鱼药”。

常用的锦鲤药有以下几大类。

卤素类——氯：无机氯有漂白粉（次氯酸钙及氯化钙）、漂粉精（次氯酸钙）、漂白精（次氯酸钠）、固体二氧化氯消毒剂等。有机氯有氯胺T（对甲苯磺酰氯胺钠）、二氯异氰尿酸、二氯异氰尿酸钠（优氯净、鱼康、鱼虾安、消毒灵、氯杀灵、菌毒净）、三氯异氰尿酸（强氯、TCCA）、三氯异氰尿酸钠（鱼安）、复方二氯异氰尿酸钠等。目前，市场上出售最多的鱼药就是这一类有机多氯产品，主要治疗细菌性鱼病。

卤素类——碘：无机碘有碘粉或碘液、碘酊等。有机碘有povidone-iodine（PVP-I、聚维酮碘、优碘、皮维碘）、宝碘（聚合碘）等。这类有机碘也是目前被认为能够抑杀病毒的有效药物。

重金属——铜：无机铜有硫酸铜等。有机铜有螯合铜等，能克服硫酸铜的缺点，一方面能够杀死原生菌类和多余藻类，另一方面毒性小。

杀虫农药：敌百虫有2.5%可湿性粉剂、80%或90%晶体敌百虫、95%可溶性粉剂敌百虫等。拟除虫菊酯，常用的有杀灭菊酯（速灭虫净）和溴氰菊酯（敌杀死）。

呋喃类：呋喃唑酮多用于肠炎病。呋喃西林多用于体表消毒。以上两种常被称为"黄粉"或"黄药"。

抗生素：常用氯霉素、红霉素、青霉素、土霉素，也可用先锋Ⅳ或Ⅵ号，但最好交替或混合使用。

其他：高锰酸钾是强氧化剂，极不稳定，要现配现用。硝酸亚汞是治疗小瓜虫病特效药。孔雀石绿和亚甲基蓝多用于水霉病。福尔马林是烈性药，可治疗多种疑难杂症。食盐是通用鱼药，可治疗一般性鱼病。

随着各地区的交流和合作往来，许多国际上的锦鲤药纷纷进入大陆内地，占领一席之地，其中比较有影响的是我国台湾地区和香港地区以及马来西亚、印度尼西亚等国的锦鲤药。

第八节　常用药物的功效及使用

一、呋喃西林

治疗细菌性腐皮病用20毫克/千克溶液，药浴10～20分钟。对细菌性腐败病用2～3毫克/千克，药浴2～3分钟。对细菌性竖鳞病和锚头蚤病分别用1.5～2毫克/千克和1～1.5毫克/千克的浓度全池泼洒。

二、福尔马林

对鱼虱病用500毫克/千克水溶液药浴30分钟。对车轮虫病，用200～250毫克/千克水溶液药浴1小时。对小瓜虫病，与孔雀石绿合用效果很好，水溶液中含福尔马林200～250毫克/千克、孔雀石绿1～2毫克/

千克，药浴 1 小时。

三、高锰酸钾

对锚头蚤病，水温 15～20℃时，用 2 毫克/千克水溶液药浴 1.5～2 小时；水温 21～30℃时，用 10 毫克/千克水溶液药浴 1.5～2 小时；或用 10 毫克/千克水溶液涂抹虫体和伤口，30 秒后将病鱼放回水中，第二天再进行 1 次，然后全池泼洒，使水体含药 1～1.5 毫克/千克。对指环虫病用 20 毫克/千克水溶液药浴，水温 10～20℃时药浴 20～30 分钟，水温 20～25℃时药浴 15～20 分钟。对斜管虫病、口丝虫病，用 20 毫克/千克水溶液药浴 10～30 分钟。

四、食盐

对细菌性烂鳍病，用 3%～4%水溶液药浴 10 分钟。对竖鳞病用 2%水溶液药浴 10 分钟。对车轮虫病、口丝虫病、斜管虫病等用 1%水溶液药浴 1 小时。对水霉病用 1%水溶液药浴 30 分钟，每天 1 次，连用 3 天；或用 3%水溶液药浴 5 分钟，每天 1 次，病愈为止。

五、漂白粉

对细菌性腐皮病、烂鳍病一般全池泼洒，使水体含药 1 毫克/千克。

六、硫酸铜

对口丝虫病、车轮虫病全池泼洒，使水体含药 0.5～0.7 毫克/千克；也可与硫酸亚铁合用，硫酸铜与硫酸亚铁以 5：2 配合，全池泼洒，使水体含药 0.7 毫克/千克。使用时先用热水溶解。

七、敌百虫

对锚头蚤、鲺、指环虫、三代虫等，用 90%晶体敌百虫 0.7 毫克/千克溶

液药浴 20～30 分钟，也可全池泼洒，使水体含药 0.2～0.4 毫克/千克。

八、抗生素

对竖鳞病用青霉素，使每立方米水体含 1500 万～3000 万国际单位。对细菌性疾病可用 10 毫克/千克土霉素或四环素药浴，也可氯霉素、四环素等制成药饵服用。

九、磺胺类药物

磺胺药物如磺胺嘧啶（SD）、新诺明（SMZ）、磺胺间甲氧嘧啶（SMM）、磺胺-5-甲氧嘧啶（SMD）等与抗菌增效剂如甲氧苄氨嘧啶（TMP）、二甲氧苄氨嘧啶（DVD）等并用，可增效数倍至数十倍。一般按磺胺类药 5 份与抗菌增效剂 1 份配合。

第九节　常见鱼病的治疗

一、鲤春病毒病

[症状] 病鱼无目的地漂游，身体发黑，腹部肿大、有腹水，肛门红肿，皮肤和鳃渗血，内脏器官出血明显，有时鳃、皮肤、肌肉、鳔等也有出血点。

[流行及危害] 主要危害锦鲤及其他冷水性鱼。主要危害 9～12 月龄和 21～24 月龄的鱼种。感染后死亡率在 30%～40%，有时高达 70%。在 15℃以下感染后的锦鲤出现病症，20℃以上则停止。

[预防措施] 要为锦鲤尤其是越冬锦鲤清除体表寄生虫（主要是水蛭和鱼鲺）；药浴预防方法为用含碘量 100mg/L 的碘伏洗浴 20 分钟；或利用加热棒加热，保持水族箱内的水温在 20℃以上；对大型的锦鲤可采用腹腔注射疫苗来预防。

［治疗方法］注射鲤春病毒抗体，可防止锦鲤被再次感染。

二、痘疮病

［症状］发病初期，体表或尾鳍上出现乳白色小斑点，覆盖着一层很薄的白色黏液。随着病情的发展，病灶部分的表皮增厚而形成大块石蜡状的“增生物”。病鱼表现为消瘦、游动迟缓、食欲较差、沉在水底、陆续死亡。

［流行及危害］患病的有鱼种、成鱼，当年锦鲤和1龄锦鲤对此病很敏感。秋末和冬季是主要的流行季节，在我国锦鲤养殖区均流行。

［预防措施］经常投喂水蚤、水蚯蚓、摇蚊幼虫等动物性鲜活饵料，加强营养，增强抵抗力；用10毫克/千克的红霉素浸洗鱼体50～60分钟。

［治疗方法］用20毫克/千克的红霉素浸洗鱼体40分钟；遍洒红霉素，使水体中药物浓度为0.4～1毫克/千克，10天后再施药1次；或用10毫克/千克浓度的红霉素浸洗后，再遍洒呋喃西林，使水体中药物浓度为0.5～1毫克/千克，10天后再用同样的浓度遍洒。

三、出血病

［症状］病鱼眼眶四周、鳃盖、口腔和各种鳍条的基部充血，某些部位有紫红色斑块。如将皮肤剥下，肌肉呈点状充血，严重时全部肌肉呈血红色。病鱼呆浮或沉底懒游。轻者食欲减退，重者拒食、体色暗淡、清瘦、分泌物增加，有时并发水霉病、败血症而死亡。

［流行及危害］患病的有当年和少数1龄锦鲤，能引起锦鲤大量死亡。一般6～8月为流行季节。

［防治方法］流行季节用漂白粉1毫克/千克浓度遍洒，每15天进行一次预防；或用红霉素10毫克/千克浓度浸洗50～60分钟，再用呋喃西林0.5～1毫克/千克浓度全池遍洒，10天后再用同样浓度全池遍洒。

四、皮肤发炎充血病

［症状］皮肤发炎充血，以眼眶四周、鳃盖、腹部、尾柄等处较常见，

有时鳍条基部也有充血现象，严重时鳍条破裂，肠道、肾脏、肝脏等内脏器官都有不同程度的炎症。病鱼浮在水表或沉在水底部，游动缓慢、反应迟钝、食欲较差，轻者影响观赏，重者导致死亡。

［流行及危害］此病是锦鲤、热带鱼常见病、多发病，患病的多数是个体大的当年鱼和1龄以上的锦鲤，可引起病鱼大量死亡。水温20～30℃时是流行盛期。

［预防措施］加强饲养管理。多投喂活水蚤、摇蚊幼虫、水蚯蚓等动物性食料，并加喂少量芜萍，以增强抗病力。用呋喃西林或呋喃唑酮20毫克/千克浓度浸洗鱼体，当水温20℃以下时，浸洗20～30分钟；21～32℃时，浸洗10～15分钟。延长水族箱的光照时间，水中溶氧量维持在5毫克/升左右。

［治疗方法］用呋喃西林或呋喃唑酮0.2～0.3毫克/千克浓度全池遍洒，如果病情严重，浓度增加到0.5～1.2毫克/千克，疗效更好；或用红霉素2～2.5毫克/千克浸洗鱼体30～50分钟，每天一次，连续3～5天；或用链霉素或卡那霉素注射，每千克锦鲤腹腔注射12万～15万国际单位，第五天加注一次；或将呋喃西林粉0.2克加食盐250克溶于10千克水中，浸洗病鱼10～20分钟；或用低浓度的高锰酸钾溶液浸洗病鱼10小时。

五、黏细菌性烂鳃病

［症状］这是最常见的一种疾病，不论饲养条件或鱼的大小都有发生的可能。鳃丝呈粉红或苍白，继而组织被破坏，黏液增多，带有污泥，严重时鳃盖骨的内表皮充血，中间部分的表皮亦被腐蚀成一个略成圆形的透明区，俗称“开天窗”，软骨外露。由于鳃丝组织被破坏造成病鱼呼吸困难，病鱼常游近水表呈浮头状，病情严重的，在换清水后仍有浮头现象。

［流行及危害］水温在20℃以上即开始流行。流行季节以春末夏初和夏末秋初为多见。

［防治方法］用食盐2%浓度水溶液浸洗，水温在32℃以下，浸洗5～10分钟；或用呋喃西林或呋喃唑酮20毫克/千克浓度浸洗10～20分钟；或用2毫克/千克的呋喃西林溶液全缸泼洒，浸洗数天，再更换新水；或用青霉素或庆大霉素溶于池（缸）中，用药量为青霉素80万～120万单位或庆大霉素16万单位溶于50千克水全池泼洒。

六、肠炎病

[症状] 病鱼开始时呈现呆浮、行动缓慢、离群、厌食，甚至失去食欲；鱼体发黑，头部、尾鳍更为显著；腹部出现红斑、肛门红肿。初期排泄白色线状黏液或便秘，严重时，轻压腹部有血黄色黏液流出。将病鱼进行解剖，可看到肠道发炎充血，甚至肠道发紫，故很快就会死亡。

[发病季节] 多见于4～10月。

[防治方法] 在5千克水中溶解呋喃西林或痢特灵0.1～0.2克，然后将病鱼浸浴20～30分钟，每日一次。平时预防，还可用土霉素0.25克，或四环素0.25克，或氟哌酸0.1克等抗菌素药物，药量为50千克水中放2粒，浸浴2～3天后换水。

用呋喃西林或痢特灵药液全池泼洒，药量按每50千克水放0.1克。

每1千克鱼体重用0.1克的痢特灵拌在人工饲料中投喂病鱼，每天一次，连喂3～4天。

七、赤皮病

[症状] 病鱼体表局部或大部充血发炎、鳞片脱落，特别是鱼体两侧及腹部最明显。背鳍、尾鳍等鳍条基部充血，鳍条末端腐烂。病鱼常伴有肠道发炎和烂鳃症状。

[流行及危害] 春季和秋季水温低于15℃时，此病流行，并发感染水霉菌。当年锦鲤和热带鱼患病较多，而1龄以上的大型锦鲤和热带鱼少见。

[预防措施] 注意饲养管理，操作要小心，尽量避免鱼体受伤；用漂白粉1毫克/千克浓度全池遍洒，适用于室外大鱼池。

[治疗方法] 用20毫克/千克呋喃西林或呋喃唑酮浸洗或用0.2～0.3毫克/千克呋喃西林或呋喃唑酮全池遍洒；或用利凡诺20毫克/千克浸洗或0.8～1.5毫克/千克全池遍洒。

八、竖鳞病

[症状] 一般病鱼两侧鳞片向外炸开，鱼鳞下面的鳞囊中积存某种水

溶液而使鱼鳞竖起，腹腔内也有液体积存，使身体膨胀。轻则表皮粗糙，黏液分泌较少，外观呈松球状，鳍基部组织发炎充血、水肿，重则死亡。此病有人认为是细菌感染所致，但另一重要原因是饲育不当，引起鱼的循环系统和消化吸收功能异常而产生的。

[流行及危害] 一般以冬、春两季为多见，危害较大的是2龄以上的锦鲤。

[防治方法] 一旦发现，应尽早治疗。常用抗生素浸浴或刺破水泡后涂抹抗生素和敌百虫的混合液；或用2%的食盐和3%的小苏打混合液浸洗病鱼10～15分钟，然后放入含微量食盐（1/10000～1/5000）的嫩绿水中静养；或用呋喃西林20毫克/千克溶液浸洗病鱼20～30分钟；或呋喃西林1～2毫克/千克全池泼洒，水温20℃以上用1～1.5毫克/千克，20℃以下用1.5～2毫克/千克。

九、水霉病

[症状] 病鱼体表或鳍条上有灰白色如棉絮状的菌丝所以又称白毛病。菌丝体着生处的组织坏死，伤口发炎充血或溃烂。严重时菌丝体厚而密，鱼体负担过重，游动迟缓，食欲减退终致死亡。

[流行及危害] 终年均可发生，尤其早春、晚冬及阳光不足、阴雨连绵的黄梅季节更为多见。

[防治方法] 避免鱼体受伤，越冬前用药物浸洗或全池遍洒杀灭寄生虫，即用孔雀石绿5%～10%涂抹伤口或孔雀石绿66毫克/千克浸洗3～5分钟；或用4‰～5‰食盐加4‰～5‰小苏打混合溶液全池遍洒。

十、碘泡虫病

[症状] 碘泡虫在病鱼各个器官中均可见到，但主要寄生在脑、脊髓、脑颅腔的淋巴液内。病鱼极度消瘦，体色暗淡丧失光泽，尾巴上翘，在水中狂游乱窜、打圈子或钻入水中复又起跳，似疯狂状态，故又称疯狂病。病鱼失去正常活动能力，难以摄食，最终死亡。剖开鱼腹，病鱼肝、脾脏萎缩，腹腔积水，肠内空空。

[流行及危害] 主要危害1龄以上的锦鲤，严重时可引起死亡。

［防治方法］每667 米^2 用125 千克的生石灰彻底清塘杀灭淤泥中的孢子，减少病原的流行；鱼种放养前，用500 毫克/千克高锰酸钾充分溶解后，浸洗鱼种30 分钟，能杀灭60%～70%孢子。

十一、小瓜虫病

［症状］病鱼体表、鳍条和鳃上有白点状的囊泡，严重时全身皮肤和鳍条满布着白点和盖着白色的黏液。病鱼瘦弱、鳍条破裂、多数漂浮水面不游动或缓慢游动。

［流行及危害］小瓜虫是锦鲤常见的寄生虫，繁殖最适温度为15～25℃，锦鲤饲养过密时容易发生。流行季节一般在春末、夏初和秋季。

［防治方法］用硝酸亚汞2 毫克/千克浓度浸洗，水温15℃以下时，浸洗2～2.5 小时；水温15℃以上时，浸洗1.5～2 小时，浸洗后在清水中饲养1～2 小时，使死掉的虫体和黏液脱掉。或用硝酸亚汞0.1～0.2 毫克/千克全池泼洒，水温10℃以下时用0.2 毫克/千克浓度；水温在10～15℃时用0.15 毫克/千克浓度；水温在15℃以上时用0.1 毫克/千克浓度。或用冰醋酸167 毫克/千克浓度水溶液浸洗鱼体，水温在17～22℃时，浸洗15 分钟，以后相隔3 天再浸洗1 次，浸洗2～3 次为一疗程。

十二、车轮虫病

［症状］车轮虫主要寄生于鱼鳃、体表，也能寄生于鱼鳍或者头部。大量寄生时，鱼体密集处出现一层白色物质，虫体以附着盘附着在鳃丝及体表，不断转动，虫体的齿钩能使鳃上皮组织脱落、增生、黏液分泌增多，鳃丝颜色变淡、不完整，病鱼体发暗、消瘦、失去光泽，食欲不振甚至停食，游动缓慢或失去平衡，常浮于水面。

［流行及危害］主要危害鱼苗、鱼种，车轮虫寄生数量多时，可导致锦鲤死亡，尤其对热带锦鲤危害更大。水温在25℃以上时车轮虫大量繁殖，每年5～8 月为流行季节。

［预防措施］用8 毫克/千克硫酸铜浸泡病鱼30 分钟，浸泡的同时添加氯霉素5 毫克/千克。

［治疗方法］用25 毫克/千克福尔马林药浴病鱼15～20 分钟或福尔马

林 1.5～2 毫克/千克全池泼洒；或用 8 毫克/千克硫酸铜浸洗 20～30 分钟；或 1%～2%食盐水浸洗 2～10 分钟；或用 0.5 毫克/千克硫酸铜、0.2 毫克/千克硫酸亚铁合剂，全池泼洒。

十三、三代虫病

[症状] 病鱼瘦弱，初期呈极度不安的症状，时而狂游于水中，时而急剧侧游，在水草丛中或缸边撞擦，企图摆脱病原体的侵扰。继而食欲减退，游动缓慢，终至死亡。

[流行及危害] 终年均可发生，但以 4～10 月更为多见。

[防治方法] 用 20 毫克/千克浓度的高锰酸钾水溶液浸洗病鱼；用 0.2～0.4 毫克/千克浓度的晶体敌百虫溶液全池遍洒。

十四、指环虫病

[症状] 指环虫寄生于鱼鳃，随着虫体增多，鳃丝受到破坏，后期鱼鳃明显肿胀，鳃盖张开难以闭合，鳃丝灰暗或苍白。病鱼初期表现为不安、呼吸困难，有时急剧侧游，在水草丛中或缸边摩擦。晚期游动缓慢，食欲不振，鱼体贫血、消瘦。

[流行及危害] 指环虫适宜生长水温为 20～25℃，多在初夏和秋末两个季节流行。主要危害锦鲤苗、幼鱼和小型锦鲤。

[预防措施] 用加热棒将水温提升到 25℃以上并恒温。

[治疗方法] 晶体敌百虫 0.5～1 毫克/千克，全池泼洒；或用高锰酸钾 20 毫克/千克，在水温 10～20℃时浸洗 20～30 分钟，20～25℃浸洗 15 分钟，25℃以上浸洗 10～15 分钟。

十五、锚头蚤病

[症状] 锚头蚤虫体头部钻入锦鲤皮肤、肌肉、鳍或口腔处 2～10 毫米，呈长杆状寄生，虫体像短针一样挂在鱼体上，拔出杆状物可以取得锚状虫体。患部发炎红肿，出现红斑、坏死，有时一条鱼寄生有数十条锚头蚤，被寄生的鱼体易被病菌入侵。病鱼急躁不安、食欲减退，继而逐渐

瘦弱。

[流行及危害] 全国各地均有分布，4～10月份为流行季节。

[防治方法] 用镊子拔去虫体，并在伤口上涂红汞水；全池泼洒敌百虫，使敌百虫浓度呈0.5～0.7毫克/千克；或用1%高锰酸钾液涂抹伤口约30秒钟后，将病鱼放回水中，次日再涂抹1次，然后用呋喃西林全池遍洒，使呋喃西林浓度呈1～1.5毫克/千克；或用0.5毫克/千克敌百虫或特美灵可杀灭，但需连续用药2～3次，每次间隔5～7天，方能彻底地杀灭幼虫和虫卵。

十六、鲺

[症状] 同锚头蚤一样寄生于鱼体，肉眼可见。常寄生于鳍上。被寄生的鱼在游泳时常以身体摩擦池底或聚在池中一角，常因体力衰弱产生并发症而死。注意观察就能发现体长5毫米、宽3毫米的虫体寄生在鳍上。

[防治方法] 以0.5毫克/千克的敌百虫驱除。

十七、机械损伤

[病因] 所谓机械损伤就是指锦鲤受到机械的损伤，而引发不适甚至受伤死亡的现象。有时候虽然伤得并不厉害，但因为损伤后往往会继发微生物或寄生虫病，因此也可引起锦鲤后续性死亡。机械损伤主要有压伤、碰伤、擦伤和强烈的振动。

[防治方法] 首先要改进渔具和容器，尽量减少捕捞和搬运，而且在捕捞和搬运时要小心谨慎，并选择适当的时间；锦鲤室外越冬池的底质不宜过硬，在越冬前应加强育肥；在人工繁殖过程中，因注射或操作不慎而引起的损伤，可及时在伤处涂上孔雀石绿药液，受伤较重的要注射链霉素。

十八、感冒

[症状] 锦鲤停于水底不动，严重时浮于水面，皮肤和鳍失去原有光泽、颜色暗淡，体表出现一层灰白色的翳状物，鳍条间粘连、不能舒展。

病鱼没精神、食欲下降，逐渐瘦弱以致死亡。

[流行及危害] 在春、秋季温度多变时易发病；夏季雨后易发病；锦鲤的幼鱼易发病。

[预防措施] 换水及冬季注意温度的变化，防止温差过大。

[治疗方法] 已得病的锦鲤可将温度调高几度然后静养；或让水温恒定，用小苏打或1%的食盐溶液浸泡病鱼，增加光照，以促其渐渐恢复健康。

十九、伤食症

[病因] 锦鲤消化机能的强弱，与水温、水质、活动强度、饲料优劣及天气好坏等因素有关，其中与水温的高低关系更为密切。一般地说，水温高些，食欲较旺盛，消化活动也较快。反之，水温过低，食欲会减弱，消化活动也随之缓慢。到晚上，遇到气温突变或遭淋阵雨，水温急剧下降，突然改变了锦鲤消化机能的正常运行速度，就出现了伤食症（即消化不良症）。所以，傍晚大量喂食，常常是引发伤食的主要原因。

[症状] 锦鲤患了伤食症后，初期不易被发现，中期即出现厌食、呆浮、便秘或大便不成形、细白黏便拖在肛门后等消化不良现象，后期则出现精神不振，懒于游动，腹鳍不敞，背、尾鳍倒塌下垂，消瘦，腹部坚硬或过软，腹壁充血，肛门微红，压之流出黄水等现象，不久即会死亡。

[防治方法] 在初、中期，采用停食、晒阳，适当提高水温，以嫩绿水静养，必要时水中可加入少量呋喃西林（即50千克水中投药0.1～0.2克）或用痢特灵（按50千克水中投药0.1～0.2克），对尚能吃食的锦鲤，可投喂含有痢特灵或磺胺胍的人工饲料。

二十、溃疡病

[症状] 最初鱼体的某个部位出现米粒大小的白点，然后扩大或患部周围发红，鳞片脱落，暴露肌肉而呈溃疡状，甚至露出骨骼。病鱼表现为烂鳍、烂尾，这是由水质污染而引起的细菌大量繁殖并侵入鱼体所致。体表外伤，尤其是以网捞鱼时产生的擦伤常是溃疡症的起因，不可不慎。

[流行及危害] 各种锦鲤均可患病。

［治疗方法］可用 50 毫克氯霉素兑 1 升水进行药浴，连续一周，病鱼即可痊愈；或用孔雀石绿或福尔马林消毒后，效果较好。

二十一、背脊瘦病

［症状］鱼体消瘦，沿着背鳍的背部肌肉瘦陷，食欲不振，抵抗力弱，易发生皮肤病。主要是由饲育不当引起，如投喂过多的高脂肪饵料或变质饵料，使鱼体吸收功能受阻。

［治疗方法］治疗困难，应在饵料中不定期地加入维生素 E 予以预防。

二十二、腰萎病

［症状］体形弯曲，游泳时呈扭摆姿态，常为药剂使用过量所致，也有由饲喂过量或池水有电引起。

［治疗方法］较难治愈。应改善其水质环境，将病鱼放入清洁自然的大水体中静养为宜。

二十三、敌害类

1. 甲虫

甲虫种类较多，其中较大型的体长达 40 毫米。常在水边泥土内筑巢栖息，白天隐居于巢内，夜晚或黄昏活动觅食，常捕食大量鱼苗。其防治方法是：

① 生石灰清塘，以水深 1 米计，667 米^2 水面施生石灰 75～100 千克，溶水全池泼洒；

② 每立方米水体用 90％晶体敌百虫 0.5 克溶水全池泼洒。

2. 龙虾

龙虾是一种分布很广、繁殖极快的杂食性虾类，在鱼苗池中大量繁殖时既伤害鱼苗又吞食大量鱼苗，危害特别严重，必须采取有效措施加以防治。

① 生石灰清塘，方法同上；

② 发生危害时用速灭杀丁杀灭，以水深1米计，每667米^{2}水面用20%速灭杀丁2支溶水稀释，再加少量洗衣粉于溶液中充分搅匀，全池泼洒。

3. 水斧

水斧扁平细长，体长35～45毫米，全身黄褐色。它以口吻刺入鱼体吸食血液为生而致鱼苗死亡。防治方法是：

① 生石灰清池；

② 用西维因粉剂溶水，全池均匀泼洒；

③ 每立方米水体用90%晶体敌百虫0.5克溶水，全池泼洒。

4. 水螅

水螅是淡水中常见的一种腔肠动物，一般附着于池底石头、水草、树根或其他物体上，在其繁殖旺期大量吞食鱼苗，对渔业生产危害极大，防治方法是：

① 清除池水中水草、树根、石头及其他杂物，破坏水螅栖息场所，让水螅无法生存；

② 全池泼洒90%晶体敌百虫溶液，剂量同上。

5. 水蜈蚣

水蜈蚣又叫马夹子，是龙虱的幼虫，5～6月份大量繁殖时，对鱼苗危害很大。1只水蜈蚣一夜间能夹食鱼苗10多尾，危害极大。防治方法是：

① 生石灰清池；

② 灯光诱杀，即用竹木搭方形或三角形框架，框内放置少量煤油，天黑时点燃油灯或电灯，水蜈蚣则趋光而至，接触煤油后会窒息而亡；

③ 全池泼洒90%晶体敌百虫溶液，使敌百虫呈0.5克/米^{3}浓度，杀灭效果很好。

6. 剑水蚤

这是鱼苗生长期的主要敌害之一。当水温在18℃以上时，水质较肥的鱼池中剑水蚤较易繁殖，既会咬死鱼苗，又消耗池中溶解氧，影响鱼苗生长。直接而有效的防治方法就是每667米^{2}池塘每米水深用90%的晶体敌百虫0.3～0.4千克兑水溶解后全塘泼洒。

7. 红娘华

虫体长35毫米，黄褐色。常伤害30毫米以下鱼苗。防治方法是：

① 生石灰清池；

② 90%晶体敌百虫溶液泼洒，用量同上。

8. 田鳖虫

虫体扁平而大，黄褐色。田鳖虫前肢极发达强健，常用有力的脚爪夹持鱼苗而吸其血，致鱼苗死亡。防治方法是：

① 生石灰清塘；

② 90%晶体敌百虫溶液泼洒。

9. 松藻虫

虫体船形，黄褐色，游泳时腹部朝上，常用口吻刺入鱼苗体内致其死亡后再食之。防治方法：

① 生石灰清塘；

② 90%晶体敌百虫溶液泼洒。

10. 青泥苔

青泥苔属丝状绿藻，消耗池中的大量养分使水质变瘦，影响浮游生物的正常繁殖。而当青泥苔大量繁殖时严重影响鱼苗活动，鱼苗常被乱丝缠绕致死。防治方法是：

① 生石灰清池；

② 全池泼洒0.7～1克/米^{3}硫酸铜溶液；

③ 投放鱼苗前每667米^{2}水面用50千克草木灰撒在青泥苔上使其不能进行光合作用而大量死亡。也可按每立方米水体用生石膏粉80克分三次均匀全池泼洒，每次间隔时间3～4天，若青苔严重时用量可增加20克。放药在下午喂鱼后进行，放药后注水10～20厘米效果更好。此法不会使池水变瘦，也不会造成缺氧，半月内可杀灭青苔。

11. 水网藻

常生长于有机物丰富的肥水中的一种绿藻，在春、夏大量繁殖时，既消耗池中大量的养分，又常缠住鱼苗，危害极大。防治方法是：

① 生石灰清塘；

② 大量繁殖时全池泼洒 0.7～1 克/米^3 硫酸铜溶液。也可按每立方米水体用生石膏粉 80 克分三次均匀全池泼洒，每次间隔时间 3～4 天，若水网藻严重时用量可增加 20 克。放药在下午喂鱼后进行，放药后注水 10～20 厘米效果更好。此法不会使池水变瘦，也不会造成缺氧，半月内可全杀灭水网藻。

12. 小三毛金藻

此系冷水性藻类，其大量繁殖时会产生毒素，使鱼苗出现似缺氧而浮头的现象，常在 12 小时内造成鱼苗大量死亡。防治方法是：

① 生石灰清池；

② 全池泼洒 0.7～1 克/米^3 硫酸铜溶液；

第七章

锦鲤的鉴赏与选购

第一节　锦鲤的鉴赏

一、锦鲤之美

1. 阳刚美

欣赏金鱼犹如欣赏盆栽，取其阴柔之美；欣赏锦鲤则犹如欣赏参天大树，取其阳刚之气。因此，锦鲤愈大愈具观赏价值。

2. 王者风范

锦鲤堪称淡水鱼王，体形较大，个性刚强有力，泳姿雄健。将锦鲤放入自家水池中观赏，自然令人心旷神怡，仿佛自己也成为王者一般。

3. 花纹美

一般的观赏鱼都是整齐划一的花纹，没有变化。而锦鲤花纹多变，没有完全相同的花纹。因此，能令人感到自己拥有的锦鲤为全世界绝无仅有的，更能满足人的占有欲。

4. 色彩美

锦鲤具有红、白、青、黄、紫、黑、金和银等多种色彩，可比美锦缎、绸缎。而锦鲤生长过程中随鱼体大小和环境变化，其色彩和花纹常会有一些改变，这更能引起爱好者的强烈兴趣。

5. 动态美

如果说书画、古董之美为静态的，那么锦鲤之美就是动态的，堪称“水中活宝石”。锦鲤不仅独处时具美感，群泳时更是美妙非常，尤其在摄食时，看它们游动和取食的样子，能让您的心灵融入大自然，忘掉一切尘世烦恼。

6. 吉祥美

锦鲤性格雄健沉稳，又特别长寿，平均年龄可达70岁，而日本记载最长寿者超过200岁。因为寿命长，锦鲤被视为吉祥的象征，故又称“祝寿鱼”。

另外，锦鲤稳健温驯，能与人亲近到从我们手中取食或任人抱起，训练后以辨认主人，当主人沿池边巡视时，它们常跟在身后将头露出水面，样子非常可爱。

二、鉴赏标准

（一）日本的鉴赏标准

根据目前全日本在锦鲤大赛中评选锦鲤的标准，体形占40分、色质占30分、花纹（模样）占20分、游姿占10分。也就是说一条好的锦鲤，必须具备以下几个条件：①良好的体形；②优质的色质；③匀称的花纹；④雄健的游姿；⑤硕大的体魄。

1. 良好的体形

在锦鲤鉴赏中，备受重视的是体形。没有良好的体形，花纹再好也不会是一条优质锦鲤。要在一群锦鲤中把体形最好的找出来，其实并不难。

那么要如何去鉴别良好的体形呢？首先要看锦鲤眼睛的距离，看两只眼睛之间的距离是否够宽，两眼相隔距离较宽的锦鲤通常都会长得比较大型；然后再看胸鳍的基部一直到吻端，也就是头部的长度够不够长；再看眼睛和嘴巴的距离会不会太短，如果这个部位太短就会形成三角形的头，这是很不理想的；接下来吻要厚一点，吻薄的锦鲤想要养成大型鱼是很困难的；胡须也不能太小，不过锦鲤的胡须往往会因为惊吓时的冲撞或被寄生虫感染时的磨擦而受损，再生的胡须因而有些短小，所以这个部位只提供参考；在头部最后要注意的是两边的脸颊是否平均、丰满，而且头顶一定要饱满，头顶扁平的锦鲤较不理想；接下来是胸鳍，胸鳍会因系统之不同而有不一样的形状，原则上太小、太尖或三角形的胸鳍都不算好，另外在游动中胸鳍往前划动的幅度太大，看起来很吃力的样子，表示这尾锦鲤的健康可能会有问题；身体从胸鳍到尾柄这一段体形一定要很顺畅，没有

突然隆起或凹陷，尾柄粗壮，从尾柄也可看出一尾鱼的体格和发育是否良好；由上往下看鱼体除要有适当的宽度之外，也一定要有适当的侧高，它的最高点应该在背鳍前一点的地方，如侧高最高点是在背鳍的中间，看起来像驼背的样子是不合格的；体形最后是尾鳍部分，尾鳍虽然很薄，但还是要让人有深厚有力的感觉，最好不要太长，尾鳍的叉型凹处也不要太深。总之良好的体形是优质锦鲤的基础，有良好的基础才能有希望培育出一条优质的锦鲤。

2. 优质的色质

锦鲤作为观赏鱼，体色就是观赏的一个非常重要的环节，而这些体表颜色的质量，就理所当然地成为鉴赏优质锦鲤的一个重要标准。

如何去评定色质的好坏呢？首先是色纯、浓厚且油润。如果色不纯，有杂色，就不是高品质的颜色；而色薄，颜色很浅，就很难体现出其艳丽，这样的色质就很差，具有这种色质的锦鲤一定不是高质量的锦鲤；有些色斑虽然色纯而浓厚，但在色斑中显露出底色而形成俗称“开天窗”者，也不是高质量锦鲤应具有的色质；色质油润，则体现出色的光泽，色浓厚而显油润，则更显其色彩艳丽；如果色泽暗淡无光泽，则显不出其艳丽色彩，所以不是高质量锦鲤应具有的色质。其次由于锦鲤的血统不同、品系不一样，其色的深浅厚薄也有所不同。例如在红白类中，大日系统的红白，其红斑色带橙，显得比较鲜艳明亮；而仙助系统的红白，其红斑则比较浓厚而色深，显得较暗一些；又如小川系统的红白，其红斑则表现得厚而比较细腻油润。像黄金锦鲤、贴分黄金锦鲤的色较浅而表现出淡黄金色；而菊水黄金锦鲤则色厚深而显得带橙黄。又如锦鲤色斑中的白斑，这是许多锦鲤品种中都具有的色斑，称为白质，而且白质也是近年来在日本全国品评会和世界各品评会中比较重视的颜色，其色质的好坏直接影响其得分和获奖的名次。高品质的白斑是细腻雪白无杂色的，而低品质的白斑则带灰而色暗，或带黄，而使白斑色质低下。所以我们在鉴赏锦鲤的色质时，应根据其具体血统和品系来具体鉴定。

3. 匀称的花纹

锦鲤是观赏性鱼类，花纹分布的好坏会直接影响其观赏效果。而鉴赏锦鲤的花纹，是比较直接的。那什么样的花纹分布才算是优秀的花纹呢？

我们鉴赏锦鲤的花纹，首先要看整体，整体的花纹分布要匀称，也就是说花纹分布不能集中在某一处或某一边，而其他部位没有或斑纹太少，这样的花纹不是好的花纹。除了整体的花纹分布匀称外，还要在观赏重点处有特色，这样才会显出它的个性特征，比如在头部、肩部的花纹要有变化，特别在肩部的花纹一定要有断裂，这就是俗称的“肩裂”，如果没有肩裂，在观赏重点上就缺少了变化，这样的花纹就显得平淡无味而缺少值得细品之处，因而也可以说不能算是好的花纹。除了头部和肩部以外，尾柄上的花纹也很重要，一条花纹分布很好的锦鲤，如果在尾柄部没有一处很好的收尾色斑，就等于没有了结尾，也是不完美的。花纹除在背部分布外，还应向腹部延伸，这就是俗称的“卷腹”，具卷腹花纹的锦鲤充满力感，更能体现出其健硕的美感。

在花纹的鉴赏中，除了整体的花纹分布外，还应根据其品种特征来鉴赏。如大正三色，除红斑的分布外，其墨斑的分布也很重要。墨斑应主要分布于前半部分，如同时分布在红斑上，就不算是好的斑纹位置；如分布在白斑上，也就是俗称的“穴墨”，这可是非常好的位置，穴墨在品评中往往会获得较高的分数。又如丹顶，不管是丹顶红白，还是丹顶大正、丹顶昭和，其头顶部的斑块的位置，都应在头部的正中央，前不到吻部，后不超过头骨盖，两边不到眼睛，这才是好的丹顶，否则都是不好的花纹，其品质也大大降低。

目前，在商品市场上，还有一些进行人工修理斑纹的，就是把色斑多余的部位用人工的手段除去，或用植皮的方法在不完整色斑的位置加上色斑，以达到色斑的分布匀称。但是锦鲤鉴赏专家们普遍肯定自然美，同时人工除去的色斑在一段时间后还会长回来，只是在进行交易的过程中欺骗买家而已，这种做法不应提倡。

4. 雄健的游姿

锦鲤是“会游泳的艺术品”，它的游姿就必然成为鉴赏的条件之一。游姿是否优美顺畅，是否健硕有力，则是鉴赏的一个标准。如果锦鲤在水中游动时，身体歪扭，蛇形游动，或经常侧着身体游动，那这样的游姿是不合格的。鉴赏时观察锦鲤的胸鳍在划动时是否有力，停下来时是否表现出软弱无力，尾柄摆动动作是否适中。尾柄摆动动作太小，显得软弱无力，不能体现出锦鲤健硕有力的一面；如动作太大，就显得有些夸张而不协调。

如果锦鲤常静卧底下，那这尾锦鲤就有可能不太健康，应检查是否已得病。

5. 硕大的体魄

在欣赏锦鲤时，体魄的大小虽然不能算一项非比不可的条件，但硕大体魄的锦鲤往往会更吸引人们的注目，会更能体现出锦鲤健硕有力的游姿。如果有以上四点的优点，再加上硕大的体魄，就更能体现出它“会游泳的艺术品”的优势，观赏起来就更让人心旷神怡了。因此各锦鲤养殖场的养殖者们和各锦鲤爱好者，都以养殖大体魄、大规格的锦鲤为目标，以能养出具上述四个条件的并且能长到一米以上的大锦鲤为荣。

（二）流行的鉴赏标准

目前较为流行的评分标准，以百分制计算，则以姿态 30 分、色彩 20 分、斑纹 20 分、品质 10 分、品位 10 分、风格 10 分为宜。

对锦鲤的鉴赏与评审标准因各人的眼光与爱好而定，但对于全国性乃至世界性的锦鲤品评会而言，一定要有一个较为合理的统一的评分标准，而获得审查员资格的人员也会以这套标准来给锦鲤打分。

1. 姿态（30分）

锦鲤的评审当中最重要的是包括泳姿在内的姿态。一尾锦鲤色彩鲜艳、花纹完美，但是如果体形不正就毫无价值。

体形要求鱼背挺直，游姿稳重端正，身体雄健有力、左右均匀对称且平衡、无缺损及缺点。缺损指鱼体缺少某些组织和器官，如眼球、腹鳍等；缺点指头部下陷或比例不当、腹部下垂等，如有缺损和缺点即应淘汰。但雌鲤因怀卵而致腹部下垂则属生理自然现象，不能算体形异常。

具体来说须注意以下几点：

① 脊柱笔直，背部形成优美的曲线。从正上方观察，锦鲤的脊梁必须笔直；从侧面观察，背部上下须呈优美的曲线，曲线的弯率太大或呈船底状皆属不良，游泳时扭摆腰部者，无观赏价值。

② 具有美丽的鳍。锦鲤游动时最重要的是胸鳍，它的优良与否影响到泳姿是否优美。鱼鳍游动时要灵活，各鳍要对称完整，不可有变形、裂伤、骨折及其他缺损。

③ 具有优美的头形。优美的头形犹如人的脸孔。不良头形中最常见

的为颌部变形、头部大而呈方形、鳃盖缺损或向外反翘等。颊的形状和口位要端正、无歪斜、两端饱满不凹陷。另眼睛、鼻孔、触须等无变形而漂亮者方为佳品。

④ 体高、体长及体中幅要谐调。理想的观赏锦鲤体高与体长比应为1∶2.6至1∶3之间，太肥及太瘦的鱼应视为病态。

2. 色彩（20分）

这是美丽的锦鲤最直观的表现，色彩以鲜明浓厚为佳。对任何品种而言，选择时以色彩鲜明、艳丽，斑纹清晰、边缘整齐者为上品。例如白底务必雪白而无污点；红斑要求边际鲜明，红质均匀浓厚，色调以橙红色为基底的格调明朗的红色为佳；黑斑以呈圆块状、较尖锐状者为佳，且漆黑结实，不可分散或浓淡不均。

3. 斑纹（20分）

要求左右斑纹平衡，嘴吻上及尾基部要有白色部分。

头上红斑以圆形、鞋拔形或略呈偏斜者较为典型。花纹的观赏重点在头部与背部之间，头部须有大块斑纹，颈部最好有白底缺口，大正三色锦鲤则有坚实的黑斑于颈部为理想。

尾基部不要有太多黑斑或全红，且留有白色部分。

4. 品质（10分）

锦鲤的品质须靠经验来判断，依据其白质、红质、黑质及体形来综合评判。如头部大而圆滑、红色或黑色不会消褪、具有生长成巨鲤之相貌者称之为品质佳。

评定品质往往需综合评价一条锦鲤的潜质。花纹好、姿态美、色调佳、品位高和具有风格等都与良好的品质息息相关。

5. 品位（10分）

惟有品位高雅的锦鲤，才有资格被选定为总优胜。而要提高品位，必须以良好的品质、体形和花纹等为先决条件。

如头部红斑形状良好者称品位好，全红者品位差。对御三家来说，尾基部有足够的白色也是体现品位的一个重要方面。

另过分肥胖、头部太大或不正者品位差，胸鳍应大而圆，体形潇洒、泳姿优雅者具高品位。

6. 风格（10分）

风格一般指大型鲤的体格、体形。如拥有巨大的体格，丰满的身躯，肌肉结实、有厚实感，雅观稳重而无变异者风格佳。

如腹部异常膨大而垂下或呈二段形状者为体形变异，不如体格粗壮修长而雄伟者。

第二节　锦鲤的选购

一、鱼体定量测量

由于锦鲤尤其是高品位的品种，它们的售价往往与其体长或全长有直接的利益关系，在国内外贸易中常常用厘米来衡量一尾优质锦鲤的价值，因此掌握鱼体的定量测量对锦鲤的贸易具有重要的意义。根据鱼类分类学和锦鲤的特点，将锦鲤身体各部长度的测量方法介绍如下。

全长：是锦鲤的全部长度，即从吻端到尾鳍末端的最大长度。

体长：又称标准长，是从吻端到尾鳍基部的直线长度，也就是全长减去尾鳍的长度。

头长：从吻端到鳃盖骨后缘的直线长度。

吻长：从吻端到眼眶前缘的直线长度。

眼径：眼眶前缘到后缘的直径长度。

尾柄长：从臀鳍基部后端到尾鳍基部垂直线长度。

体高：从背鳍基部到腹鳍基部附近垂直的最大高度。

尾柄高：即尾柄部分最低处的高度。

背鳍长：背鳍刺最长鳍条的直线长度。

胸鳍长：胸鳍最长鳍条的直线长度。

腹鳍长：腹鳍最长鳍条的直线长度。

臀鳍长：臀鳍最长鳍条的直线长度。

尾鳍长：尾鳍最长鳍条的直线长度，也叫尾长。

体重：通常采用带水称鱼法，把鱼放在盛水容器中称得重量减去容器和水重，就是鱼体重量，这样可以避免因直接称鱼体重而伤及鱼体。此法误差很小，准确度较高。

二、锦鲤的选购常识

1. 养鱼场的选定

① 养鱼场主须为人诚实、服务周到，且养鱼场距离较近，这样即使锦鲤发生危险亦可获得及时、有效的服务。

② 养鱼场主鉴赏能力必须很强，且拥有优良血统的种鲤。

③ 必须选择内行、细心、有责任感及能做售后服务的从业者，平时养殖锦鲤时可得到其指导。

④ 选择生意兴隆的养鱼场，一则可见到较多优良锦鲤，二来不至于购买囤积变质的饲料。

2. 种类与数量的确定

池中锦鲤以红白锦鲤、大正三色锦鲤和昭和三色锦鲤为主，配以1～2尾皮光鲤或变种鲤，群泳时豪华美观。如杂鱼太多，红白锦鲤等群泳的美姿即遭破坏。

购买数量视养殖容器的容纳量而定。最高明的饲养方法是少量饲养，这样对鱼的生长发育、水质保持均大有好处。

一般初学者往往购买过多的锦鲤放入鱼池，常导致鱼与水的状态极差，锦鲤只能勉强维持生命，如此养鲤是毫无意义的。必须使锦鲤生长得色彩鲜艳，且水质清澈方能享受欣赏锦鲤的乐趣。所以少量饲养是养好锦鲤的秘诀之一。

选购时期以每年9～12月为佳，因为此阶段每年的好鱼会陆续上市，锦鲤成交最活跃，见到好锦鲤的机会多。

3. 锦鲤的价格标准

锦鲤没有一定的价格标准，因此，有时购买者与业者都难以决定。总

之，以锦鲤的品质、规格而定一个大概价格，当然价格还受个人喜好的影响。如较难决定，可参照国外锦鲤杂志如日本《鳞光》等上面的标价。平时应多注意收集各地锦鲤的大致价格，即可明了什么样的品质、规格、种类的锦鲤大致值多少钱。

锦鲤的价格差异巨大，有几十万人民币 1 尾，也有 10 多元钱 1 尾，因此，无论哪个阶层的人士都可负担得起。购买时，价格合理、品质符合个人喜好即可。

三、稚鱼选购法

稚鱼选购通常分为两类：毛仔购入型和稚鱼购入型。

1. 毛仔购入型

喜欢购入毛仔的爱好者常购入 2～3 厘米的仔鱼培育，此种方式需要一定的技术，主要应注意：

① 应选择优良种鲤产下的仔鱼。

② 要有相当的饲育技术。主要是注意水质变化、饵料更换等。

③ 必须进行严格的挑选工作。选别工作是最重要的，虽大批量购入毛仔，其中能得到的好鱼其实不多。很多人不注意选别，将大量毛仔放在一起任其自然生长，到收获时却得不到一条好鱼。素质良好的锦鲤是潜在的，但由于没有选别，将之与精力旺盛、生命力强的原种鲤养在一起，势必会阻碍好锦鲤的正常发育。具体选别法则是在孵化后 1～3 个月内进行 3～4 次选别，第一次选别时去掉畸形、变形和全黑、白无地、赤无地等；第二次选别就是尽早淘汰劣质鲤，保护良质锦鲤。

2. 稚鱼购入型

指选购 5～10 厘米稚鱼饲养至 20～30 厘米或更大者。在业者进行第二次、第三次选别时，选择几十尾有可能成为优良锦鲤的稚鱼，选别时须具独到的鉴赏眼光。

选购红白锦鲤、大正三色锦鲤、昭和三色锦鲤要选择红斑纹的配置良好者，因为红斑纹很少有大的变化，另外斑纹边缘清晰、色彩浓厚者才有前途。

这个时期的稚鱼如色彩太淡薄，虽然花纹漂亮，但不容易上彩。选择黑斑时，初学者喜欢选择黑斑大而多，已是完成好的黑斑，殊不知这种黑斑会随着鱼体生长而集中变大，而后易于退化而分散。因此，应选择白底上隐约可见黑斑纹者为宜。

最重要的是选择健康且体格粗大能长成大锦鲤的，如果花纹构图非常漂亮，但体弱有病、变形、有外伤等，也要坚决舍弃。另外，要选择素质良好的稚鱼，其一要看种鲤是否优良，其二要凭自己的经验来鉴赏与挑选。白质、红质、黑质必须优良。随着鱼体成长，会有一些褪色和体形有异者，应及早淘汰。

一般有经验人士常会观察，如头部骨骼较大呈圆形、尾部粗壮及背鳍、胸鳍成白色无红斑、黑斑者为佳。大正三色锦鲤黑斑不可太多，胸鳍上最多只可有 3 条左右黑条纹。

四、幼鱼选购法

幼鱼指 15～35 厘米长的鱼。在幼鱼时期有的外观很美，有些则要等到大型时期才变得漂亮。因为幼鱼时期配置良好的花纹，随着鱼体生长而拉开距离，长大后就会显得不谐调；而有些大花纹的锦鲤在幼鱼时期显得不清爽、有压力感，但长大后增加了适当的白底，花纹的配合会显得很美。

具体来说，良好的白质是每一品种选购时的共同重点。对红白锦鲤而言，有魄力的大花纹较可爱的小花纹更好。大正三色锦鲤或昭和三色锦鲤是以红斑为中心，品质及花纹良好者为佳。黑斑与其选择已完成的、固定的，不如选择在白底中能隐约看到黑斑的。最重要的一点，对所有品种而言，要购买品质高的幼鱼，第一点要求头部骨骼粗大、体形圆滑，第二点尾基部要粗。

在锦鲤幼鱼中表现得较美的还有德国鲤，德国鲤的特征是由大鳞所构成的花纹变化，以及无鳞的皮肤上显出鲜明的斑纹。因此德国鲤在其锦鲤幼鱼时期十分漂亮华丽，一旦长成长锦鲤，由于花纹过分鲜明，好似用油漆涂上，反而感觉缺少了稳重感。德国鲤大都以镜鲤为基本，所以背脊上及腹部中央两行大鳞排列整齐且无鳞是最理想的。

幼鱼时期雄鲤生长较快、红黑斑纹浓厚、斑纹边缘鲜明；而到大型时

期，雌鲤远比雄鲤容易长大而丰满，因此，想要得到好的大型鱼应选择雌鲤。另一方面幼鱼时期获得优胜奖的锦鲤，长大后再获优胜奖的机会相当渺茫。

在选择锦鲤幼鱼时，首先要注意不要买到病锦鲤或畸形的锦鲤，尤其以下几点要特别注意：是否和其他的锦鲤一起行动、有否离群静止不动、小心观察有无鳃病、呼吸是否急促、有没有寄生虫寄生及细菌性疾病的感染、体色有无病态、游泳起来是否有力等。

五、常见锦鲤幼鱼的选购

以下介绍常见的三种锦鲤幼鱼的选购要点。

1. 红白

在选购时最注重的是白底要纯白，如果肌肤带黄或是有杂点绝对不行。如果胸鳍、腹鳍、尾鳍上有一些很小的斑点，会随着成长斑点缩小或消失的例子相当多；不过如果是以鳞片为单位的小斑点出现，就是大缺点了，另外有黑痣般的小斑点也不要选购。红色斑纹当然是比较深的较好，不过重要的是红斑的边缘是否整齐。一般来说，红斑的均一性比浓淡还重要，只要质地平均、边缘切得清楚、白底无瑕的，有较大可能长成优质锦鲤。

2. 大正三色

在选购时对红斑及白底的要求同红白锦鲤幼鱼。至于黑色花纹，有人偏好大墨斑，有人喜好小墨斑，各人喜好不同，原则上只要自己喜爱即可。大正三色依种鱼的倾向，有的黑质在 1～3 岁就逐次显现出来，有的要等到 4～5 岁才会完全显现，另外，饲养的环境、水质和黑质也有很大的关系。有的人买了大正三色锦鲤幼鱼饲养一段时间后，黑质会渐渐浮现出来，这就是所谓后墨型的大正三色。有的大正三色一开始有很好的黑斑纹，一直养下去也不变，也有的黑纹会越养越多。所以买锦鲤的时候，最好先问问业者其大正三色大致是属于哪一种的。

黑质要注意的是绝对不要有像细砂般的小黑杂斑，黑斑边缘不可长刺、长毛。黑质还必须是有光泽、漆黑的，感觉很深厚的最好。

3. 昭和三色

买昭和锦鲤幼鱼时，一定要注意以下几点：红斑纹是否鲜明，有无模糊的地方；头部有无红斑纹；体部的斑纹左右对不对称；即使花纹不对称也可以，但是需要确定是否具有特殊的个性；白质部分是否有似乎隐在皮下而尚未浮现的黑斑；黑质是否和前述大正三色黑质一样好。

六、中、大型鱼选购法

中型鱼指 35～55 厘米长的锦鲤，也就是 3～4 岁的时期，是色彩最艳丽的巅峰时期。可以依照成鱼的鉴赏标准来选购自己喜欢的锦鲤品种。

大型鱼指 55 厘米以上的锦鲤，大型鱼的颜色及体型均已成型，一般选购回家后是直接用来欣赏或装饰居室环境的，它不会随着时间的变化而发生其他大的变化，也不必期待有其他更好的转变，因此在选购时，一定要按各品种成鱼的鉴赏标准来仔细挑选。

中、大型鱼一般为已完成品或接近完成品，也就是说这些较大型鲤多数在大型水泥池或室外土池中饲养，生长较迅速，但红、黑斑却不易完成，必须再经过水泥池饲育一段时间，其色彩才可以变得更鲜艳。

由于室外土池水质稳定、水深适合育成大型鲤，因此很多爱好者都喜欢将自家的锦鲤寄养于业者的土池中饲育，到秋天清池时再带回自家鱼池欣赏。也可在自家庭院里开设锦鲤养殖池进行饲育。

第三节　锦鲤的运输

锦鲤的运输很简单，只要放入塑胶袋充氧即可。幼鱼或中型鱼可以自行搬运，但大型鱼常由业者代为运输。根据时间长短和距离远近可分为长途运输和短途运输，另外还有特殊的运输方法。

一、短途运输

锦鲤的短途运输，是指市内或市郊间，行程2～5小时之间的运输。在我国，这种运输主要用于各地锦鲤苗鱼种的交流和贸易。常用的运输材料主要有塑料薄膜袋、木桶、塑料桶等；常施行敞口运输或封闭运输；运输的季节多为春、秋、冬季；运输时间，如果是在高温季节特别是夏季运输鱼苗，宜在清晨或傍晚进行，低温天气可在中午进行。

短途运输用水也要讲究水质的优良，这是提高锦鲤苗种成活率的关键。一般可以选择低于老水1～2℃的新鲜水，为了保持运输中饲水的清洁卫生，可以在容器中滴加几滴双氧水或食盐水。

在运输过程中要加强观察、监测。有时遇容器过小、运输时间比计划的略长、气候闷热导致水体溶氧量不足等情况时，锦鲤会发生轻微浮头现象，并聚集于水面，此时要及时换水增氧。

短途运输的密度比长途运输的密度大得多；中大型的成鱼、亲鱼运输密度要比小型的鱼苗、鱼种低；品质优良品种的密度要比普通品种低。建议参考的运输锦鲤苗、鱼种的运输密度见表7-1，运输时间3小时，容积为50厘米×35厘米，容器为塑料薄膜袋（图7-1）。

表7-1 锦鲤苗、鱼种运输密度参考表

体长/厘米	普通品种/尾	优质品种/尾
2～3(含3)	40～50	30～35
3～6(含6)	25	20
6～8(含8)	10	8
8～10(含10)	5～6	4～5
10～12(含12)	3	2
12～14	1～2	1

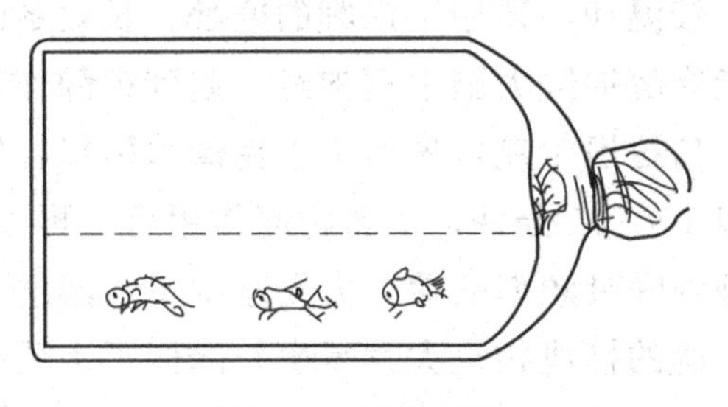

图7-1 尼龙袋运鱼

二、长途运输

锦鲤的长途运输一般是指运输时间超过10小时、运输距离在1000千米左右的运输。在我国通常是指从日本、中国香港、新加坡等国家和地区进口的亲鱼或直接供观赏用的大型锦鲤，当然从我国养成后出口到国外的锦鲤也是通过长途运输完成的。另外，在我国距离较远的省际城市间的锦鲤的交流和运输也属于长途运输。长途运输的主要工具是飞机，火车、汽车也能完成运输任务。

在运输方法的选择上，由于敞口运输既受季节影响，又受行程的限制，因此现在很少使用，常用的还是用塑料袋充氧运输，成活率可保持在90%以上。

长途运输的主要步骤有：根据运输时间的长短、锦鲤体质及规格进行合理的调配；鱼体运输前的锻炼、消毒及运输容器和运输用水的选择与消毒；根据容积大小，合理安排密度；装水、放锦鲤、充氧、封口、装箱；运输。

三、麻醉运输

在封闭充氧运输的基础上，采用麻醉的方式来运输锦鲤，这将代表国际间长途运输锦鲤的一个发展方向。将锦鲤通过药物麻醉，以减轻其呼吸频率和代谢强度，使鱼体处于暂时的昏迷状态，到达目的地后，将锦鲤通过清水复苏后即可恢复常态。

通常使用的麻醉药物有戊巴比妥钠、乌拉坦和长效冬眠灵等。戊巴比妥钠药性较强烈，能抑制呼吸系统，因此在使用量上一定要严格把关；乌拉坦是中药，药性较温和，适用于锦鲤的麻醉；长效冬眠灵的药效与乌拉坦一样，作用是能麻醉锦鲤大脑中枢神经，起到镇静作用。

用法和用量：乌拉坦1克可先用7千克清水稀释，然后将待运输的锦鲤放入到里面浸泡10～15分钟，待药物起作用后，再加水到15千克。在这种状态下，锦鲤的呼吸频率变缓，大大减少了对溶解氧的消耗和二氧化碳的排出，同时锦鲤的排泄物也大大减少，降低了水质的恶化概率。到了目的地后，将锦鲤放入清水5分钟即可恢复。

四、锦鲤运输需要注意的几点

锦鲤的价格较高，而且体形较大，如果在运输过程中失误，将造成重大的经济损失，因此在运输过程中一定要注意以下几点：

① 塑料薄膜袋的质量要可靠，否则就要改用橡胶袋，一般采用双层黏合袋，避免破袋漏气而造成锦鲤缺氧；

② 放养密度要适当，时间预算要准确，尤其是长途运输时一定要考虑意外情况发生时所造成的时间耽误；

③ 在运输前 2～3 天不要喂饵料，减少在运输过程中排泄物对水质的污染；

④ 在运走之前开始打包，宜迟不宜早；

⑤ 在运输过程中可适当加入一些食盐或硝化细菌；

⑥ 锦鲤运输都是活体运输，可作为急件处理，长途运输时一下飞机或火车应立即运抵目的地；

⑦ 到达目的地后，要严格处理后才能放养。

五、锦鲤的入池

运抵目的地的锦鲤入池时，最重要的是调整水温。一般业者池水比爱好者的池水温度高，如果水的温差在 5℃以上，鱼儿易感冒，进而引发其他疾病。因此带回的锦鲤不能马上放入池中，而应将塑胶袋放入水池中半小时左右，待袋内外水温相等时才解开塑胶袋将锦鲤放入水池。

因为业者与爱好者的池水水质不同，因此，将锦鲤直接放入池中会引起新水病，即鱼体消瘦、胸鳍或尾鳍腐烂等。除了调整水温外，还应该让池水慢慢流入塑胶袋内，使锦鲤渐渐习惯不同水质，然后放入池中。最好这时加入适量食盐浸浴，可以防止病菌的侵入。

六、提高锦鲤在运输过程中成活率的措施

1. 检查鱼体，确保强壮

锦鲤体质强壮、状态活泼是提高运输过程中成活率的先决条件。因此

在运输前，一定要对鱼体进行检查，如鱼体的肥胖与瘦弱、色泽的鲜艳与暗淡、季节的变化与鱼体的活动情况等，只有等装运的锦鲤符合运输条件时才能运输。

2. 科学驯养，增强体质

驯养方法主要有两种，一是封闭驯养，二是密集驯养。

① 封闭驯养。对锦鲤进行长途运输但缺乏转运基地条件的单位，可提前半天至一天施行封闭驯养，到第二天再开包更换袋内污水，这样不至于在运输前引起锦鲤的慌乱，特别是在夏季更要采用此法，可有效地减少运输中的损失。

② 密集驯养。锦鲤在运输前的密集驯养，是检疫鱼体状况和清除体内分泌物的重要一环。通过密集检疫后，能使弱鱼暴露出来并及时予以调整，而且能使锦鲤排尽体内的粪便，有利于途中的保鲜。其操作步骤主要有：首先停止喂食 2～3 天，以增强其承受低氧的能力；其次是通过水质刺激，一方面清除体内的粪便污物，另一方面可加强体质锻炼和筛选弱质鱼；再次是增加放养密度，施行密集放养，使锦鲤逐渐适应全封闭的运输环境，有利于提高运输中的存活率。

3. 调节水温，减小温差

锦鲤一年四季均可进行长途或短途运输，在气温及水温升降明显的季节，如严冬和酷暑，宜施行双层包装运输。装箱时的水温要求，冬天水温应高于老水 1～2℃，夏天水温低于老水 1～2℃，这样有利于调节箱内的水温，减少温差过大对锦鲤的影响。

4. 合理密度

决定全封闭运输成活率的另一个关键性因素就是合理的包装密度，它有两方面的含义，一是包装袋内所提供的氧气储存量和途中行程时间的长短相适合；二是包装袋内的水体以能使鱼体之间游动并略有空隙为宜，以达到饱和状态为度。

如果运输密度过稀，不利于经济效益的提高，特别是国际间的贸易，贸易价格一般占锦鲤价格的 80%左右，如果过稀运输费用的占比将会大大增加；如果放养超量，则会缩小鱼体间的活动空间，致使鱼体间相互碰

击摩擦，皮肤严重受伤，轻则影响观赏效果，重则引起皮肤溃烂、鳃丝糜烂、极易感染细菌及寄生虫，同时放养过密，氧气易缺乏，导致窒息死亡。因此科学的放养密度是相当重要的。

5. 正确操作

锦鲤的运输操作主要包括运输器具的准备与消毒；运输用水的消毒与装袋；锦鲤的检疫与装袋。在操作中一是要求方法正确；二是要求速度快，减少中间的时间浪费；三是注意操作质量，动作要轻，减少鱼体受伤。

6. 药物预防

一是从运输前到目的地入池前，要做好检疫工作，并用晶体敌百虫、呋喃唑酮和食用盐进行缸、池、箱的消毒与鱼体消毒，对已经消毒过的鱼体，要用清水漂洗，不要将体表药物带入新的水环境中；二是在鱼病发病高峰期运输时，可在装鱼前于每袋水体中放入 1 汤匙细盐或滴入数滴经稀释后的呋喃西林溶液，既能预防水质的恶化，又能杀菌消毒。

参考文献

[1] 占家智，羊茜．观赏鱼养殖 500 问．北京：金盾出版社．2003．

[2] 占家智，赵玉宝，等．观赏鱼养护管理大全．辽宁：辽宁科学技术出版社．2004．

[3] 迪克·米尔斯．养鱼指南．广东：羊城晚报出版社．2000．

[4] 韦三立．养鱼经．北京：国际文化出版公司．2001．

[5] 占家智，等．观赏水草的栽培与饰景．合肥：安徽科学技术出版社．2004．

[6] 占家智，等．锦鲤养殖实用技法．合肥：安徽科学技术出版社．2003．

[7] 占家智，等．水产活饵料培育新技术．北京：金盾出版社．2002．

[8] 汪建国．观赏鱼鱼病的诊断与防治．北京：中国农业出版社．2001．

[9] Dr. CHRIS，等．观赏鱼疾病诊断与防治．台湾：观赏鱼杂志社．1996．

[10] 占家智，羊茜．鱼趣．北京：中国农业出版社．2002．

[11] 占家智．水族箱造景与养护大全．辽宁：辽宁科学技术出版社．2004．